室内设计

代洪琴　著

中国纺织出版社

图书在版编目（CIP）数据

室内设计／代洪琴著. -- 北京：中国纺织出版社，
2018.7

ISBN 978-7-5180-3556-4

Ⅰ.①室… Ⅱ.①代… Ⅲ.①室内装饰设计 Ⅳ.
①TU238.2

中国版本图书馆CIP数据核字（2017）第093873号

责任编辑：汤　浩　　　　　　　　责任印制：储志伟

中国纺织出版社出版发行
地　　址：北京市朝阳区百子湾东里A407号楼　邮政编码：100124
销售电话：010—67004422　传真：010—87155801
http://www.c-textilep.com
E-mail: faxing@c-textilep.com
中国纺织出版社天猫旗舰店
官方微博 http://weibo.com/2119887771
虎彩印艺股份有限公司印刷　各地新华书店经销
2018年7月第1版第1次印刷
开　　本：880×1230　1/32　印张：9
字　　数：250千字　定价：65.80元

前　言

所谓室内设计，是指根据建筑物的使用性质、所处环境和相应标准，运用物质技术手段和建筑美学原理，创造功能合理、舒适优美、满足人们物质和精神生活需要的室内环境。这一空间环境既具有使用价值，满足相应的功能要求，同时也反映了历史文脉、建筑风格、环境气氛等精神因素。

室内设计反映了我国经济社会的发展，特别是改革开放30多年来室内设计水平日的益蓬勃发展。设计是处理人的生理、心理与环境关系的问题，室内设计是反映人类物质生活和精神生活的一面镜子，是生活创造的舞台。

室内设计是人类历史发展产生的，通过与科学技术的紧密结合，为提高人的行为便利性与舒适性，协调社会活动与发展文化，并提高建设环境品质的综合设计行为。随着社会的发展人类对居住的环境的要求日益增高，人们从空间、色彩、光影、装饰、绿化等多方面考察室内的设计是否满足自己的需要，以求在最小的空间设计出合乎人生理及其心理的最佳生活空间，这需要室内空间设计的不断改进与大胆创新。本书结合实例讲述了室内空间设计的具体内容与主要步骤，主要讲述室内空间设计的设计要点。明确地把"创造满足人们物质和精神生活需要的室内环境"作为室内设计的目的，即以人为本，一切围绕人的生活生产活动以创造美好的室内环境为主旨。

编　者
2017 年 10 月

目　录

第一章　概述

第一节　室内设计的内涵

　　人的一生，绝大部分时间是在室内度过的，因此，人们设计创造的室内环境，必然会直接关系到室内生活、生产活动的质量，关系到人们的安全、健康、效率、舒适等。室内环境的创造，应该把保障安全和有利于人们的身心健康作为室内设计的首要前提。人们对于室内环境除了有使用安排、冷暖光照等物质功能方面的要求之外，还常有与建筑物的类型、性格相适应的室内环境氛围、风格文脉等精神功能方面的要求。

　　由于人们长时间地生活活动于室内，因此现代室内设计或称室内环境设计，在一定程度上是环境设计系列中和人们关系最为密切的环节。室内设计的总体，包括艺术风格，从宏观来看，往往能从一个侧面反映相应时期社会物质和精神生活的特征。随着社会发展的历代室内设计，总是具有时代的印记，犹如一部无字的史书，这是由于室内设计从设计构思、施工工艺、装饰材料到内部设施，必然和社会当时的物质生产水平、社会文化和精神生活状况联系在一起；在室内空间组织、平面布局和装饰处理等方面，从总体说来，也和当时的哲学思想、美学观点、社会经济、民俗民风等密切相关。从微观的、个别的作品来看，室内设计水平的高低、质量的优劣又都与设计者的专业素质和文化艺术素养等联系在一起。至于各个单项设计最终实施后成果的品位，又和

1

该项工程具体的施工技术、用材质量、设施配置情况，以及与建设者（即业主）的协调关系密切相关，即设计是具有决定意义的最关键的环节和前提，但最终成果的质量有赖于设计——施工——用材（包括设施）——与业主关系的整体协调。

一、含义

室内设计是根据建筑物的使用性质、所处环境和相应标准，运用物质技术手段和建筑美学原理，创造功能合理、舒适优美、满足人们物质和精神生活需要的室内环境。这一空间环境既具有使用价值，满足相应的功能要求，同时也反映了历史文脉、建筑风格、环境气氛等精神因素。

上述含义中，明确地把"创造满足人们物质和精神生活需要的室内环境"作为室内设计的目的，即以人为本，一切围绕为人的生活生产活动创造美好的室内环境。

同时，室内设计中，从整体上把握设计对象的依据因素是：

使用性质——为什么样功能设计建筑物和室内空间；

所在场所——这一建筑物和室内空间的周围环境状况；

经济投入——相应工程项目的总投资和单方造价标准的控制。

设计构思时，需要运用物质技术手段，即各类装饰材料和设施设备等，这是容易理解的；还需要遵循建筑美学原理，这是因为室内设计的艺术性，除了有与绘画、雕塑等艺术之间共同的美学法则（如对称、均衡、比例、节奏等等）之外，作为"建筑美学"，更需要综合考虑使用功能、结构施工、材料设备、造价标准等多种因素。建筑美学总是和实用、技术、经济等因素联结在一起，这是它有别于绘画、雕塑等纯艺术的差异所在。

现代室内设计有很高的艺术性的要求，其涉及的设计内容又有很高的技术含量，并且与一些新兴学科，如人体工程学、环境心理学、环境物理学等关系极为密切。现代室内设计已经在环境设计系列中发展成为独立的新兴学科。

对室内设计含义的理解，以及它与建筑设计的关系，从不同的视角、不同的侧重点来分析有不少具有深刻见解、值得我们仔细思考和借鉴的观点。例如，认为室内设计"是建筑设计的继续和深化，是室内空间和环境的再创造"；认为室内设计是"建筑的灵魂，是人与环境的联系，是人类艺术与物质文明的结合"。

我国前辈建筑师戴念慈先生认为"建筑设计的出发点和着眼点是内涵的建筑空间，把空间效果作为建筑艺术追求的目标，而界面、门窗是构成空间必要的从属部分。从属部分是构成空间的物质基础，并对内涵空间使用的观感起决定性作用，然而毕竟是从属部分。至于外形只是构成内涵空间的必然结果"。

建筑师普拉特纳（W.Platner）则认为室内设计"比设计包容这些内部空间的建筑物要困难得多"，这是因为在室内"你必须更多地同人打交道，研究人们的心理因素，以及如何能使他们感到舒适、兴奋。经验证明，这比同结构、建筑体系打交道要费心得多，也要求有更加专门的训练"。

美国前室内设计师协会主席亚当（G.Adam）指出"室内设计涉及的工作要比单纯的装饰广泛得多，他们关心的范围已扩展到生活的每一方面，例如：住宅、办公、旅馆、餐厅的设计，提高劳动生产率，无障碍设计，编制防火规范和节能指标，提高医院、图书馆、学校和其他公共设臆的使用效率。总之一句话，给予各种处在室内环境中的人以舒适和安全"。

白俄罗斯建筑师 E. 巴诺玛列娃（E. Ponomaleva）认为，室内设计是设计"具有视觉限定的人工环境，以满足生理和精神上的要求，保障生活、生产活动的需求"，室内设计也是"功能、空间形体、工程技术和艺术的相互依存和紧密结合"。

二、室内装饰或装潢

室内装饰或装潢、室内装修、室内设计是几个通常为人们所认同的,但内在含义实际上是有所区别的词义。

室内装饰或装潢,是着重从外表的、视觉艺术的角度来探讨和研究问题。例如对室内地面、墙面、顶棚等各界面的处理,装饰材料的选用,也可能包括对家具、灯具、陈设和小品的选用、配置和设计。

室内装修(InteriorFinishing)一词有最终完成的含义,室内装修着重于工程技术、施工工艺和构造做法等方面,顾名思义主要是指土建工程施工完成之后,对室内各个界面,门窗、隔断等最终的装修工程。

室内设计(InteriorDesign)如本节上述含义,现代室内设计是综合的室内环境设计,它既包括视觉环境和工程技术方面的问题,也包括声、光、热等物理环境以及氛围、意境等心理环境和文化内涵等内容。

第二节　室内设计的发展

现代室内设计作为一门新兴的学科,尽管还只是近数十年的事,但是人们有意识地对自己生活、生产活动的室内进行安排布置,甚至美化装饰,赋予室内环境以所祈使的气氛,却早已从人类文明伊始的时期就存在了。

原始社会西安半坡村的方形、圆形居住空间,已考虑按使用需要将室内做出分隔,使入口和火坑的位置布置合理。方形居住空间近门的火坑安排有进风的浅槽,圆形居住空间入口处两侧,也设置起引导气流作用的短墙。

早在原始氏族社会的居室里,已经有人工做成的平整光洁的石灰质地面;新石器时代的居室遗址里,还留有修饰精细、坚硬美观的红色烧土地面；即使是原始人穴居的洞窟里，壁面上也已绘有兽形和围猎的图形。也就是说，即使在人类建筑活动的初始阶段，人们就已经开始对"使用和氛围""物质和精神"两方面的功能同时给予关注。

一、国内

商朝的宫室，出土遗址显示，建筑空间秩序井然，严谨规正，宫室里装饰着来彩木料，雕饰白石，柱下置有云雷纹的铜盘。及至秦时的阿房宫和西汉的未央宫，虽然宫室建筑已荡然无存，但从文献的记载，从出土的瓦当、器皿等实物的制作，以及从墓室石刻精美的窗棂、栏杆的装饰纹样来看，毋庸置疑，当时的室内装饰已经相当精细和华丽。

春秋时期思想家老子在《道德经》中提出："凿户牖以为主，当其无，有室之用。故有之以为利，无之以为用。"这形象生动地论述了"有"与"无"，围护与空间的辩证关系，也揭示了室内空间的围合、组织和利用是建筑室内设计的核心问题。同时，从老子朴素的辩证法思想来看，"有"与"无"，也是相互依存，不可分割对待的。

室内设计与建筑装饰紧密地联系在一起，自古以来建筑装饰纹样的运用，也正说明人们对生活环境神功能方面的需求。

清代名人笠翁李渔对我国传统建筑室内设计的构思立意，对室内装修的要领和做法，有极为深刻的见解。在专著《一家言居室器玩部》的居室篇中李渔论述："盏居室之制，贵精不贵丽，贵新奇大雅，不贵纤巧烂漫"，"窗棂以明透为先；栏杆以玲珑为主，然此皆属第二义，其首重者，止在一字之坚，坚而后论工拙"，对室内设计和装修的构思立意有独到和精辟的见解。

我国各类民居，如北京的四合院、四川的山地住宅、上海弄堂建筑等，在体现地域文化的建筑形体和室内空间组织有的可供我们借鉴的成果。云南的"一颗印"、傣族的干阑式住宅（图

1-1）。

图 1-1

二、国外

公元前古埃及贵族宅邸的遗址中，抹灰墙上绘有彩色竖直条纹，地上铺有草编织物，配有各类家具和生活用品。古埃及卡纳克的阿蒙（Amon）神庙，庙前雕塑及庙内石柱的装饰纹样均极为精美，神庙大柱厅内硕大的石柱群和极为压抑的厅内空间，正是符合古埃及神庙所需的森严神秘的室内氛围，是神庙的精神功能所需要的。

古希腊和罗马在建筑艺术和室内装饰方面已发展到很高的水平。古希腊雅典卫城帕提隆神庙的柱廊，起到室内外空间过渡的作用，精心推敲的尺度、比例和石材性能的合理运用，形成了梁、柱、枋的构成体系和具有个性的各类柱式。古罗马庞贝城的遗址中，从贵族宅邸室内墙面的壁饰，铺地的大理石地面，以及家具、灯饰等加工制作的精细程度来看，当时的室内装饰已相当成熟。罗马万神庙室内高旷的、具有公众聚会特征的拱形空间，是当今公共建筑内中庭（Atrium）设置最早的原型；欧洲中世纪和文艺复兴以来，哥特式、古典式、巴洛克和洛可可等风格的各类建筑及其室内均日臻完美，艺术风格更趋成熟，历代优美的装饰风格和手法，至今仍是我们创作时可供借鉴的源泉。

1919年在英国创建的鲍豪斯（Bauhaus）学派，摒弃因循守旧，倡导重视功能，推进现代工艺技术和新型材料的运用，在建筑和室内设计方面，提出与工业社会相适应的新观念。鲍豪斯学报的创始人格罗皮乌斯（Gropius）当时就曾提出："我们正处在一个生活大变动的时期。旧社会在机器的冲击之下破碎了，新社会正在形成之中。在我们的设计工作里，重要的是不断地发展，随着生活的变化而改变表现方式……"20年代格罗皮乌斯设计的鲍豪斯校舍和密斯·凡·德·罗（MiesVanDerRohe）设计的巴塞罗那展览馆都是上述新观念的典型实例（图1-2、图1-3）。

图 1-2

图 1-3

三、当前我国室内设计和建筑装饰应注意的问题

我国现代室内设计，虽然早在 50年代首都北京人民大会堂等十大建筑工程建设时，已经起步，但是室内设计和装饰行业的大范围兴起和发展，还是近十多年的事。由于改革开放，从旅游

建筑、商业建筑开始，及至办公、金融和涉及千家万户的居住建筑，在室内设计和建筑装饰方面都有了蓬勃的发展。1990年前后，相继成立了中国建筑装饰协会和中国室内建筑师学会，在众多的艺术院校和理工科院校里相继成立子室内设计专业，从 80年代初开始发展到 1995年底，全国注册的装饰企业已有 6.5 万余家，从业职工 400 余万人；1995年装饰企业的年产值已超过 800 亿元；为加强建筑装饰行业的规范化管理，1995年 8 月建设部颁发了《建筑装饰装修管理规定》；预计"九五"期间，我国的室内设计和建筑装饰事业必将在广度和深度西方面取得进一步的发展。

我国当前的室内设计和建筑装饰，尚有一些值得注意的问题，主要是：

（1）环境整体和建筑功能意识薄弱。

对所设计室内空间内外环境的特点，对所在建筑的使用功能，类型性格考虑不够，容易把室内设计孤立地、封闭地对待（有关内容将在本章第三节中进一步阐明）。

（2）对大量性、生产性建筑的室内设计有所忽视。

当前设计者和施工人员，对旅游宾馆、大型商场、高级餐厅等的室内设计比较重视，相对地对涉及大多数人使用的大量性建筑如学校、幼儿园、门诊所、社区生活服务设施等的室内设计重视研究不够，对职工集体宿舍、大量性住宅以及各类生产性建筑的室内设计也有所忽视。

（3）对技术、经济、管理、法规等问题注意不够。

现代室内设计与结构、构造、设备材料、施工工艺等技术因素结合非常紧密，科技的含量日益增高，设计者除了应有必要的建筑艺术修养外，还必须认真学习和了解现代建筑装修的技术与工艺等有关内容；同时，应加强室内设计与建筑装饰中有关法规的完善与执行，如工程项目管理法、合同法、招投标法以及消防、卫生防疫、环保、工程监理、设计定额指标等各项有关法规和规定的实施。

（4）应增强室内设计的创新精神。

室内设计固然可以借鉴国内外传统和当今已有设计成果，但不应是简单的"抄袭"，或不顾环境和建筑类型性格的"套用"，现代室内设计理应倡导结合时代精神的创新。

20世纪末，是一个经济、信息、科技、文化等各方面都高速发展的时期，人们对社会的物质生活和精神生活不断提出新的要求，柑应地人们对自身所处的生产、生活活动环境的质量，也必将提出更高的要求，怎样才能创造出安全、健康、适用、美观、能满足现代室内综合要求、具有文化内涵的室内环境，这就需要我们从实践到理论认真学习、钻研和探索这一新兴学科中的规律性和许多问题。

第三节 室内设计的基本观点

现代室内设计，从创造出满足现代功能、符合时代精神的要求出发，强调需要确立下述的一些基本观点。

一、以满足人和人际活动的需要为核心

"为人服务，这正是室内设计社会功能的基石。"室内设计的目的是通过创造室内空间环境为人服务，设计者始终需要把人对室内环境的需求，包括物质使用和精神两方面，放在设计的首位。由于设计的过程中矛盾错综复杂，问题千头万绪，设计者需要清醒地认识到以人为本，为人服务，为确保人们的安全和身心健康，为满足人和人际活动的需要作为设计的核心。为人服务这一平凡的真理，在设计时往往会有意无意地因从多项局部因素考

虑而被忽视。

现代室内设计需要满足人们的生理、心理等要求，需要综合地处理人与环境、人际交往等多项关系，需要在为人服务的前提下，综合解决使用功能、经济效益、舒适美观、环境氛围等种种要求。设计及实施的过程中还会涉及材料、设备、定额法规以及与施工管理的协调等诸多问题。可以认为现代室内设计是一项综合性极强的系统工程，但是现代室内设计的出发点和归宿只能是为人和人际活动服务。从为人服务这一"功能的基石"出发，需要设计者细致入微、设身处地地为人们创造美好的室内环境。因此，现代室内设计特别重视人体工程学、环境心理学、审美心理学等方面的研究，用以科学地、深入地了解人们的生理特点、行为心理和视觉感受等方面对室内环境的设计要求。针对不同的人，不同的使用对象，相应地应该考虑有不同的要求。例如，幼儿园室内的窗台，考虑到适应幼儿的尺度，窗台高度常由通常的900～1000cm降至450～550cm，楼梯踏步的高度也在12cm左右，并设置适应儿童和成人尺度的二档扶手；一些公共建筑顾及残疾人的通行和活动，在室内外高差、垂直交通、厕所盥洗等许多方面应作无障碍设计；近年来地下空间的疏散设计，如上海的地铁车站，考虑到老年人和活动反应较迟缓的人们的安全疏散，在紧急疏散时间的计算公式中，引入了为这些人安全疏散多留1分钟的疏散时间余地。上面的三个例子，着重是从儿童、老年人、残疾人等人们的行为生理的特点来考虑。

在室内空间的组织、色彩和照明的选用方面，以及对相应使用性质室内环境氛围的烘托等方面，更需要研究人们的行为心理、视觉感受方面的要求。例如，教堂高耸的室内空间具有神秘感，会议厅规整的室内空间具有庄严感，而娱乐场所绚丽的色彩和缤纷闪烁的照明给人以兴奋、愉悦的心理感受。我们应该充分运用现时可行的物质技术手段和相应的经济条件，创造出首先是为了满足人和人际活动所需的室内人工环境。

二、加强环境整体观

现代室内设计的立意、构思，室内风格和环境氛围的创造，需要着眼于对环境整体、文化特征以及建筑物的功能特点等多方面的考虑。现代室内设计，从整体观念上来理解，应该看成是环境设计系列中的"链中一环"。

室内设计的"里"，和室外环境的"外"（包括自然环境、文化特征、所在位置等），可以说是一对相辅相成辩证统一的矛盾，正是为了更深入地做好室内设计，就愈加需要对环境整体有足够的了解和分析，着手于室内，但着眼于"室外"。当前室内设计的弊病之一——相互类同，很少有创新和个性，对环境整体缺乏必要的了解和研究，从而使设计的依据流于一般，设计构思局限封闭。看来，忽视环境与室内设计关系的分析，也是重要的原因之一。

现代室内设计，或称室内环境设计，这里的"环境"着重有两层含义：

一层含义是，室内环境是指包括室内空间环境、视觉环境、空气质量环境、声光热等物理环境、心理环境等许多方面，在室内设计时固然需要重视视觉环境的设计（不然也就不是室内设计），但是不应局限于视觉环境，对室内声、光、热等物理环境，空气质量环境以及心理环境等因素也应极为重视，因为人们对室内环境是否舒适的感受，总是综合的。一个闷热、噪声背景很高的室内，即使看上去很漂亮，待在其间也很难给人愉悦的感受。一些涉外宾馆中投诉意见比较集中的，往往是晚间电梯、锅炉房的低频噪声和盥洗室中洁具管道的噪声，影响休息。不少宾馆的大堂，单纯从视觉感受出发，过量地选用光亮硬质的装饰材料，从地面到墙面，从楼梯、走马廊的栏板到服务台的台面、柜面，使大堂内的混响时间过长，说话时清晰度很差，当然造价也很高，美国室内设计师费歇尔（Pishe来访上海时，对落脚的一家宾馆就有类似上述的评价。

另一层含义是，把室内设计看成自然环境——城乡环境（包括历史文脉）——社区街坊、建筑室外环境——室内环境，这一环境系列的有机组成部分，是"链中一环"，它们相互之间有许多前因后果，或相互制约和提示的因素存在。

香港室内设计师D.凯勒先生在浙江东阳的一次学术活动中，曾认为旅游旅馆室内设计的最主要的一点，应该是让旅客在室内很容易联想起自己是在什么地方。明斯克建筑师E.巴诺玛列娃也曾提到"室内设计是一项系统，它与下列因素有关，即整体功能特点、自然气候条件、城市建设状况和所在位置，以及地区文化传统和工程建造方式等等"。环境整体意识薄弱，就容易就事论事，"关起门来做设计"，使创作的室内设计缺乏深度，没有内涵。当然，使用性质不同、功能特点各异的设计任务，相应地对环境系列中各项内容联系的紧密程度也有所不同。但是，从人们对室内环境的物质和精神两方面的综合感受说来，仍然应该强调对环境整体应予充分重视。

三、科学性与艺术性的结合

现代室内设计的又一个基本观点，是在创造室内环境中高度重视科学性，高度重视艺术性，及其相互的结合。从建筑和室内发展的历史来看，具有创新精神的新的风格的兴起，总是和社会生产力的发展相适应。社会生活和科学技术的进步，人们价值观和审美观的改变，促使室内设计必须充分重视并积极运用当代科学技术的成果，包括新型的材料、结构构成和施工工艺，以及为创造良好声、光、热环境的设施设备。现代室内设计的科学性，除了在设计观念上需要进一步确立以外，在设计方法和表现手段等方面，也日益予以重视，设计者已开始认真地以科学的方法，分析和确定室内物理环境和心理环境的优劣，并已运用电子计算机技术辅助设计和绘图。贝聿铭先生早在20世纪80年代来沪讲学时所展示的华盛顿艺术馆东馆室内透视的比较方案，就是以电子计算机绘制的，这些精确绘制的非直角的形体和空间关系，极为细致真实地表达了室内空间的视觉形象。

一方面需要充分重视科学性，另一方面又需要充分重视艺术性，在重视物质技术手段的同时，高度重视建筑美学原理，重视创造具有表现力和感染力的室内空间和形象，创造具有视觉愉悦感和文化内涵的室内环境，使生活在现代社会高科技、高节奏中的人们，在心理上、精神上得到平衡，即现代建筑和室内设计中的高科技和高感情问题。总之，是科学性与艺术性、生理要求与心理要求、物质因素与精神因素的平衡和综合。

在具体工程设计时，会遇到不同类型和功能特点的室内环境（生产性或生活性、行政办公或文化娱乐、居住性或纪念性等等），对待上述两个方面的具体处理，可能会有所侧重，但从宏观整体的设计观念出发，仍然需要将两者结合。科学性与艺术性两者绝不是割裂或者对立，而是可以密切结合的。意大利设计师P.纳维设计的罗马小体育宫和都灵展览馆，尼迈亚设计的巴西利亚菲特拉教堂，屋盖的造型既符合钢筋混疑土和钢丝网水泥的结构受力要求，结构的构成和构件本身又极具艺术表现力；荷兰鹿特丹办理工程审批的市政办公楼，室内拱形顶的走廊结合顶部采光，不作装饰的梁柱处理，在办公建筑中很好地体现了科学性与艺术性的结合。

四、时代感与历史文脉并重

从宏观整体看，正如前述，建筑物和室内环境总是从一个侧面反映当代社会物质生活和精神生活的特征，铭刻着时代的印记，但是现代室内设计更需要强调自觉地在设计中体现时代精神，主动地考虑满足当代社会生活活动和行为模式的需要，分析具有时代精神的价值观和审美观，积极采用当代物质技术手段。

同时，人类社会的发展，不论是物质技术的，还是精神文化的，都具有历史延续性。追踪时代和尊重历史，就其社会发展的本质讲是有机统一的。在室内设计中，在生活居住、旅游休息和文化娱乐等类型的室内环境里，都有可能因地制宜地采取具有民族特点、地方风格、乡土风味，充分考虑历史文化的延续和发展的设计手法。应该指出，这里所说的历史文脉，并不能简单地只从形式、符号来理解，而是广义地涉及规划思想，平面布局和空间组织特征，甚至设计中的哲学思想和观点。日本著名建筑师丹下健三为东京奥运会设计的代代木国立竞技馆，尽管是一座采用悬索结构的现代体育馆，但从建筑形体和室内空间的整体效果，确实可说它既具时代精神，又有日本建筑风格的某些内在特征；阿联酋沙加的国际机场，同样地，也既是现代的，又凝聚着伊斯兰建筑的特征，它不是某些符号的简单搬用，而是体现这一建筑和室内环境既具时代感、又尊重历史文脉的整体风格。

五、动态和可持续的发展现

我国清代文人李渔，在他室内装修的专著中曾写道："与时变化，就地权宜""幽斋陈设，妙在日异月新"，即所谓"贵活变"的论点。他还建议不同房间的门窗，应设计成不同的体裁和花式，但是具有相同的尺寸和规格，以便根据使用要求和室内意境的需要，使各室的门窗可以更替和互换。李渔"活变"的论点，虽然还只是从室内装修的构件和陈设等方面去考虑，但是它已经涉及了因时、因地的变化，把室内设计以动态的发展过程来对待。

现代室内设计的一个显著的特点，是它对由于时间的推移，从而引起室内功能相应的变化和改变，显得特别突出和敏感。当今社会生活节奏日益加快，建筑室内的功能复杂而又多变，室内装饰材料、设施设备，甚至门窗等构配件的更新换代也日新月异。总之，室内设计和建筑装修的"无形折旧"更趋突出，更新周期日益缩短，而且人们对室内环境艺术风格和气氛的欣赏和追求，也是随着时间的推移而在改变。

据悉，日本东京男子西服店近年来店面及铺面的更新周期仅为一年半，我国上海市不少餐馆、理发厅、照相馆和服装商店的更新周期也只有 2～3年，旅馆、宾馆的更新周期约为 5～7年。随着市场经济、竞争机制的引进，购物行为和经营方式的变化，新型装饰材料、高效照明和空调设备的推出，以及防火规范、建筑标准的修改等因素，都将促使现代室内设计在空间组织、平面布局、装修构造和设施安装等方面都留有更新改造的余地，把室内设计的依据因素、使用功能、审美要求等等，都不看成是一成不变的，而是以动态发展的过程来认识和对待。室内设计动态发展的观点同样也涉及其他各类公共建筑和量大面广居住建筑的室内环境。

"可持续发展"（Sustainable Development）一词最早是在80年代中期欧洲的一些发达国家提出来的，1989年5月联合国环境署发表了"关于可持续发展的声明"，提出"可持续发展系指满足当前需要而不削弱子孙后代满足其需要之能力的发展"。1993年联合国教科文组织和国际建筑师协会共同召开了"为可持续的未来进行设计"的世界大会，其主题为各类人为活动应重视有利于今后在生态、环境、能源、土地利用等方面的可持续发展，联系到现代室内环境的设计和创造，设计者必须不是急功近利、只顾眼前，而要确立节能、充分节约与利用室内空间、力求运用无污染的"绿色装饰材料"以及创造人与环境、人工环境与自然环境相协调的观点。动态和可持续的发展观，即要求室内设计者既考虑发展有更新可变的一面，又考虑到发展在能源、环境、土地、生态等方面的可持续性。

第二章　室内设计的内容、
分类和方法步骤

第一节　室内设计的内容

现代室内设计，也称室内环境设计，所包含的内容和传统的室内装饰相比，涉及的面更广，相关的因素更多，内容也更为深入。

一、室内环境的内容和感受

室内环境的内容，涉及由界面围成的空间形状、空间尺度的室内空间环境，室内声、光、热环境，室内空气环境（空气质量、有害气体和粉尘含量、负离子含量、放射剂量……）等室内客观环境因素。由于人是室内环境设计服务的主体，从人们对室内环境身心感受的角度来分析，主要有室内视觉环境、听觉环境、触感环境、嗅觉环境等，即人们对环境的生理和心理的主观感受，其中又以视觉感受最为直接和强烈。客观环境因素和人们对环境的主观感受，是现代室内环境设计需要探讨和研究的主要问题。

室内环境设计需要考虑的方面，随着社会生活发展和科技的进步，还会有许多新的内容，对于从事室内设计的人员来说，虽然不可能对所有涉及的内容全部掌握，但是根据不同功能的室内设计，也应尽可能熟悉相应有关的基本内容，了解与该室内设计项目关系密切、影响最大的环境因素，使设计时能主动和自觉地考虑诸项因素，也能与有关工种专业人员相互协调、密切配合，有效地提高室内环境设计的内在质量。

例如现代影视厅，从室内声环境的质量考虑，对声音清晰度的要求极高。室内声音的清晰与否，主要决定于混响时间的长短，而混响时间与室内空间的大小、界面的表面处理和用材关系最为密切。室内的混响时间越短，声音的清晰度越高，这就要求在室内设计时合理地降低干预，包去平面中的隙角，使室内空间适当缩小，对墙面、地面以及座椅面料均选用高吸声的纺织面料，采用穿孔的吸声平顶等措施，以增大界面的吸声效果。上海新建影城中不少的影视厅，即采用了上述手法，室内混响时间4000Hx 高频仅在 0.7 左右，影视演播时的音质效果较好。而音乐厅由于相应要求混响时间较长，因此厅内体积较大，装饰材料的吸声要求及布置方式也与影视厅不同。这说明对影视厅、音乐厅室内的艺术处理，必须要以室内声环境的要求为前提。

又如近年来一些住宅的室内装修，在居室中过多地铺设陶瓷类地砖，也许是从美观和易于清洁的角度考虑而选用，但是从室内热环境来看，由于这类铺地材料的导热系数过大（A在2w／（m·K，左右），给较长时间停留于居室中的人体带来不适。上述的两个例子说明，室内舒适优美环境的创造，需要富有激情，考虑文化的内涵，运用建筑美学原理进行创作，同时又需要以相关的客观环境因素（如声、光、热等）作为设计的基础。主观的视觉感受或环境气氛的创造，需要与客观的环境因素紧密地结合在一起：或者说，上述的客观环境因素是创造优美视觉环境时的"潜台词"，因为通常这些因素需要从理性的角度去分析掌握，尽管它们并不那么显露，但对现代室内设计却是至关重要的。

二、室内设计的内容和相关因素

现代室内设计涉及的面很广，但是设计的主要内容可以归纳为以下三个方面，这些方面的内容，相互之间又有一定的内在联系。

（一）室内空间组织和界面处理

室内设计的空间组织，包括平面布置，首先需要对原有建筑设计的意图充分理解，对建筑物的总体布局、功能分析、人流动向以及结构体系等有深入的了解，在室内设计时对室内空间和平面布置予以完善、调整或再创造。由于现代社会生活的节奏加快，建筑功能发展或变换，也需要对室内空间进行改造或重新组织，这在当前对各类建筑的更新改建任务中是最为常见的。室内空间组织和平面布置，也必然包括对室内空间各界面围合方式的设计。

室内界面处理，是指对室内空间的各个围合面——地面、墙面、隔断、平顶等各界面，的使用功能和特点的分析，界面的形状、图形线脚、肌理构成的设计，以及界面和结构构件的连接构造，界面和风、水、电等管线设施的协调配合等方面的设计。

附带需要指明的一点是，界面处理不一定要做"加法"。从建筑物的使用性质、功能特点方面考虑，一些建筑物的结构构件（如网架屋盖、混凝土柱身、清水砖墙等），也可以不加装饰。作为界面处理的手法之一，这正是单纯的装饰和室内设计在设计思路上的不同之处。

室内空间组织和界面处理，是确定室内环境基本形体和线形的设计内容，设计时以物质功能和精神功能为依据，考虑相关的客观环境因素和主观的身心感受。

（二）室内光照、色彩设计和材质选用

"正是由于有了光，才使人眼能够分清不同的建筑形体和细部"（达·芬奇），光照是人们对外界视觉感受的前提。

室内光照是指室内环境的天然采光和人工照明，光照除了能满足正常的工作生活环境的采光、照明要求外，光照和光影效果还能有效地起到烘托室内环境气氛的作用。

色彩是室内设计中最为生动、最为活跃的因素，室内色彩往往给人们留下室内环境的第一印象。色彩最具表现力，通过人们的视觉感受产生的生理、心理和类似物理的效应，形成丰富的联想、深刻的寓意和象征。

光和色不能分离，除了色光以外，色彩还必须依附于界面、家具、室内织物、绿化等物体。室内色彩设计需要根据建筑物的性格、室内使用性质，工作活动特点、停留时间长短等因素，确定室内主色调，选择适当的色彩配置。

材料质地的选用，是室内设计中直接关系到实用效果和经济效益的重要环节，巧于用材是室内设计中的一大学问。饰面材料的选用，同时具有满足使用功能和人们身心感受这两方面的要求，例如坚硬、平整的花岗石地面，光滑、精巧的镜面饰面，轻柔、细软的室内纺织品，以及自然、亲切的本质面材等等。室内设计毕竟不能停留于一幅彩稿，设计中的形、色，最终必须和所选"载体"——材质，这一物质构成相统一。在光照下，室内的形、色、质融为一体，赋予人们以综合的视觉心理感受。

（3）室内内含物——家具、陈设、灯具、绿化等的设计和选用

家具、陈设、灯具、绿化等室内设计的内容，相对地可以脱离界面布置于室内空间里（固定家具、嵌入灯具及壁画等与界面组合），在室内环境中，实用和观赏的作用都极为突出，通常它们都处于视觉中显著的位置，家具还直接与人体相接触，感受距离最为接近。家具、陈设、灯具、绿化等对烘托室内环境气氛，形成室内设计风格等方面起到举足轻重的作用。

室内绿化在现代室内设计中具有不能代替的特殊作用。室内绿化具有改善室内小气候和吸附粉尘的功能，更为主要的是，室内绿化使室内环境生机勃勃，带来自然气息，令人赏心悦目，起

到柔化室内人工环境，在高节奏的现代社会生活中具有协调人们心理使之平衡的作用。

上述室内设计内容所列的三个方面，其实是一个有机联系的整体：光、色、形体让人们能综合地感受室内环境，光照下界面和家具等是色彩和造型的依托"载体"，灯具、陈设又必须和空间尺度、界面风格相协调。

人们常称建筑学是工科中的文科，现代室内设计能否认为是处在建筑艺术和工程技术、社会科学和自然科学的交汇点？现代室内设计与一些学科和工程技术因素的关系极为密切，例如学科中的建筑美学、材料学、人体工程学、环境物理学、环境心理和行为学等等；技术因素如结构构成、室内设施和设备、施工工艺和工程经济、质量检测以及计算机技术在室内设计中的应用（CAD）等等。

第二节　室内设计的分类

室内设计和建筑设计类同，从大的类别来分可分为：

（1）居住建筑室内设计；

（2）公共建筑室内设计，

（3）工业建筑室内设计；

（4）农业建筑室内设计。

各类建筑中不同类型的建筑之间，还有一些使用功能相同的室内空间，如门厅、过厅、电梯厅、中庭、盥洗间、浴厕，以及一般功能的门卫室、办公室、会议室、接待室等。当然在具体工程项目的设计任务中，这些室内空间的规模、标准和相应的使用要求还会有不少差异，需要具体分析。

各种类型建筑室内设计的分类以及主要房间的设计如下：由于室内空间使用功能的性质和特点不同，各类建筑主要房间的室内设计对文化艺术和工艺过程等方面的要求，也各自有所侧重。例如对纪念性建筑和宗教建筑等有特殊功能要求的主厅，对纪念性、艺术性、文化内涵等精神功能的设计方面的要求就比较突出，而工业、农业等生产性建筑的车间和用房，相对地对生产工艺流程以及室内物理环境（如温湿度、光照、设施、设备等）的创造方面的要求较为严密。

室内空间环境按建筑类型及其功能的设计分类，其意义主要在于：使设计者在接受室内设计任务时，首先应该明确所设计的室内空间的使用性质，即所谓设计的"功能定位"，这是由于室内设计造型风格的确定、色彩和照明的考虑以及装饰材质的选用，无不与所设计的室内空间的使用性质，和设计对象的物质功能和精神功能紧密联系在一起。例如住宅建筑的室内，即使经济上有可能，也不适宜在造型、用色、用材方面使"居住装饰宾馆化"，因为住宅的居室和宾馆大堂、游乐场所之间的基本功能和要求的环境氛围是截然不同的。

第三节 室内设计的方法和程序步骤

一、室内设计的方法

室内设计的方法，这里着重从设计者的思考方法来分析，主要有以下几点。

（一）大处着眼、细处着手，总体与细部深入推敲

大处着眼，即是如第一章中所叙述的，室内设计应考虑的几个基本观点。这样，在设计时思考问题和着手设计的起点就高，

有一个设计的全局观念。细处着手是指具体进行设计时，必须根据室内的使用性质，深入调查、收集信息，掌握必要的资料和数据，从最基本的人体尺度、人流动线、活动范围和特点、家具与设备等的尺寸和使用它们必需的空间等着手。

（二）从里到外、从外到里，局部与整体协调统一

建筑师A.依可尼可夫曾说："任何建筑创作，应是内部构成因素和外部联系之间相互作用的结果，也就是'从里到外'、'从外到里'。"室内环境的"里"，以及和这一室内环境连接的其他室内环境，以至建筑室外环境的"外"，它们之间有着相互依存的密切关系，设计时需要从里到外、从外到里多次反复协调，从而更趋完善合理。室内环境需要与建筑整体的性质、标准、风格，与室外环境相协调统一。

（三）意在笔先或笔意同步，立意与表达并重

意在笔先原指创作绘画时必须先有立意，即深思熟虑，有了"想法"后再动笔，也就是说设计的构思、立意（idea）至关重要。可以说，一项设计，没有立意就等于没有"灵魂"，设计的难度也往往在于要有一个好的构思。具体设计时意在笔先固然好。但是一个较为成热的构思，往往需要有足够的信息量，有商讨和思考的时间，因此也可以边动笔边构思，即所谓笔意同步，在设计前期和出方案过程中使立意、构思逐步明确，但关键仍然是要有一个好的构思。

对于室内设计来说，正规、完整，又有表现力地表达出室内环境设计的构思和意图，使建设者和评审人员能够通过图纸、模型、说明等，全面地了解设计意图，也是非常重要的。在设计投标竞争中，图纸质量的完整、精确、优美是第一关，因为在设计中，形象毕竟是很重要的一个方面，而图纸表达则是设计者的语言，一个优秀室内设计的内涵和表达也应该是统一的。

二、室内设计的程序步骤

室内设计根据设计的进程，通常可以分为四个阶段，即设计准备阶段、方案设计阶段、施工图设计阶段和设计实施阶段。

（一）设计准备阶段

设计准备阶段主要是接受委托任务书，签订合同，或者根据标书要求参加投标；明确设计期限并制定设计计划进度安排，考虑各有关工种的配合与协调；

明确设计任务和要求，如室内设计任务的使用性质、功能特点、设计规模、等级标准、总造价，根据任务的使用性质所需创造的室内环境氛围、文化内涵或艺术风格等；

熟悉设计有关的规范和定额标准，收集分析必要的资料和信息，包括对现场的调查勘探以及对同类型实例的参观等。

在签订合同或制定投标文件时，还包括设计进度安排、设计费率标准，即室内设计收取业主设计费占室内装饰总投入资金的百分比（通常由设计单位根据任务的性质、要求、设计复杂程度和工作量，提出收取设计费率数，通常在4%—8%，最终与业主商议确定）。

（二）方案设计阶段

方案设计阶段是在设计准备阶段的基础上，进一步收集、分析、运用与设计任务有关的资料与信息，构思立意，进行初步方案设计，深入设计，进行方案的分析与比较。

确定初步设计方案，提供设计文件。室内初步方案的文件通常包括：

（1）平面图（包括家具布置），常用比例1：50，1：100；

（2）室内立面展开图，常用比例1：20，1：50；

（3）平顶图或仰视图（包括灯具、风口等布置），常用比例1：50，1：100；

（4）室内透视图（彩色效果）；

（5）室内装饰材料实样版面（墙纸、地毯、窗帘、室内纺织面料、墙地面砖及石材、木材等均用实样，家具、灯具、设备等用实物照片）；

（6）设计意图说明和造价概算。

初步设计方案需经审定后，方可进行施工图设计。

（三）施工图设计阶段

施工图设计阶段需要补充施工所必要的有关平面布置、室内立面和平顶等图纸，还需包括构造节点详图、细部大样图以及设备管线图，编制施工说明和造价预算。

（四）设计实施阶段

设计实施阶段即工程的施工阶段。室内工程在施工前，设计人员应向施工单位进行设计意图说明及图纸的技术交底；工程施工期间需按图纸要求核对施工实况，有时还需根据现场实况提出对图纸的局部修改或补充（由设计单位出具修改通知书），施工结束时，会同质检部门和建设单位进行工程验收。

为了使设计取得预期效果，室内设计人员必须抓好设计各阶段的环节，充分重视设计、施工、材料、设备等各个方面，并熟悉、重视与原建筑物的建筑设计、设施（风、水、电等设备工程）设计的衔接，同时还须协调好与建设单位和施工单位之间的相互关系，在设计意图和构思方面取得沟通与共识，以期取得理想的设计工程成果。

第三章 室内设计的依据、要求和特点

　　现代室内设计考虑问题的出发点和最终目的都是为人服务，满足人们生活、生产活动的需要，为人们创造理想的室内空间环境，使人们感到生活在其中，受到关怀和尊重；一经确定的室内空间环境，同样也能启发、引导甚至在一定程度上改变人们活动于其间的生活方式和行为模式，

　　为了创造一个理想的室内空间环境，我们必须了解室内设计的依据和要求，并知道现代室内设计所具有的特点及其发展趋势。

第一节 室内设计的依据

　　室内设计既然是作为环境设计系列中的一"环"，因此室内设计事先必须对所在建筑物的功能特点、设计意图、结构构成、设施设备等情况充分掌握，进而对建筑物所在地区的室外环境等也有所了解。

　　具体地说，室内设计主要有以下各项依据。

一、人体尺度以及人们在室内停留、活动、交往、通行时的空间范围

　　首先是人体的尺度和动作室所需的尺寸和空间范围，人们交往时符合心理要求的人际距离，以及人们在室内通行时，各处有形无形的通道宽度。

人体的尺度，即人体在室内完成各种动作的活动范围，是我们确定室内诸如门扇的高宽度、踏步的高宽度、窗台阳台的高度、家具的尺寸及其相间距离，以及楼梯平台、室内净高等的最小高度的基本依据。涉及人们在不同性质的室内空间内，从人们的心理感受考虑，还要顾及满足人们心理感受需求的最佳空间范围（图2-1）。

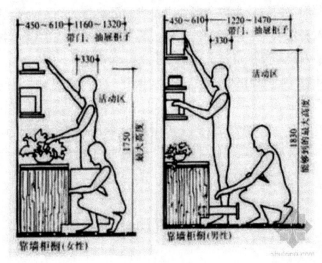

图 2-1

从上述的依据因素，可以归纳为：

（1）静态尺度（人体尺度）；

（2）动态活动范围（人体动作域与活动范围）；

（3）心理需求范围（人际距离、领域性等）。

二、家具、灯具、设备、陈设的尺寸，以及使用、安置它们时所需的空间范围

室内空间里，除了人的活动外，主要占有空间的内含物即家具、灯具、设备（指设置于室内的空调器、热水器、散热器、排风机等）、陈设之类，在有的室内环境里，如宾馆的门厅、高雅的餐厅等，室内绿化和水石小品等的所占空间尺寸，也应成为组织、分隔室内空间的依据条件。

对于灯具、空调设备、卫生洁具等，除了有本身的尺寸以及使用、安置时必需的空间范围之外，此类设备、设施，由于在建筑物的土建设计与施工时，对管网布线等都已有整体布置，室内设计时应尽可能在它们的接口处予以连接、协调。诚然，对于出风口、灯具位置等从室内使用合理和造型等要求，适当在接口上作些调整也是允许的。

三、室内空间的结构构成、构件尺寸，设施管线的尺寸和制约条件

室内空间的结构体系、柱网的开间间距、楼面的板厚梁高、风管的断面尺寸以及水电管线的走向和铺设要求等，都是组织室内空间时必须考虑的。有些设施内容，如风管的断面尺寸，水管的走向等，在与有关工机房的各种电缆管线常铺设在架空地板内，室内空间的竖向尺寸，就必须考虑这些因素。

四、符合设计环境要求、可供选用的装饰材料和可行的施工工艺

由设计设想变成现实，必须动用可供选用的地面、墙面、顶棚等各个界面的装饰材料，采用现实可行的施工工艺，这些依据条件必须在设计开始时就考虑到，以保证设计图的实施。

五、业已确定的投资限额和建设标准，以及设计任务要求的工程施工期限

具体而又明确的经济和时间概念，是一切现代设计工程的重要前提。

室内设计与建筑设计的不同之处，在于同样一个旅馆的大堂，相对而言，不同方案的土建单方造价比较接近，而不同建设标准的室内装修，可以相差几倍甚至十多倍。例如一般社会旅馆大堂的室内装修费用单方造价 1000 元左右足够，而五星级旅馆大堂的单方造价可以高达 8000～10000 元（例如上海新亚一场臣五星级宾馆大堂方案阶段的装修单方造价为 1200 美元）。可见对室内设计来说，投资限制与建设标准是室内设计必要的依据因素。同时，不同的工程施工期限，将导致室内设计中不同的装饰材料安装工艺以及界面设计处理手法。

正如第二章第三节，有关室内设计的程序步骤中已经明确，在工程设计时，建设单位提出的设计任务书，以及有关的规范（如防火、卫生防疫、环保等）和定额标准，也都是室内设计的依据文件。此外，原有建筑物的建筑总体布局和建筑设计总体构思也是室内设计时重要的设计依据因素。

第二节　室内设计的要求

室内设计的要求主要有以下各项：

（1）具有使用合理的室内空间组织和平面布局，提供符合使用要求的室内声、光、热效应，以满足室内环境物质功能的需要；

（2）具有造型优美的空间构成和界面处理，宜人的光、色和材质配置，符合建筑物性格的环境气氛，以满足室内环境精神功能的需要；

（3）采用合理的装修构造和技术措施，选择合适的装饰材料和设施设备，使其具有良好的经济效益，

（4）符合安全疏散、防火，卫生等设计规范，遵守与设计任务相适应的有关定额标准；

（5）随着时间的推移，考虑具有适应调整室内功能、更新装饰材料和设备的可行性；

（6）联系到可持续性发展的要求，室内环境设计应考虑室内

环境的节能、节材、防止污染，并注意充分利用和节省室内空间。

从上述室内设计的依据条件和设计要求的内容来看，相应地也对室内设计师应具有的知识和素养提出要求，或者说，应该按下述各项要求的方向，去努力提高自己。归纳起来有以下一些方面：

（1）建筑单体设计和环境总体设计的基本知识，特别是对建筑单体功能分析、平面布局、空间组织、形体设计的必要知识，具有对总体环境艺术和建筑艺术的理解和素养；

（2）具有建筑材料、装饰材料、建筑结构与构造、施工技术等建筑材料和建筑技术方面的必要知识；

（3）具有声、光、热等建筑物理，风、水、电等建筑设备的必要知识；

（4）对一些学科，如人体工程学、环境心理学等，以及现代计算机技术具有必要的知识和了解；

（5）具有较好的艺术素养和设计表达能力，对历史传统、人文民俗、乡土风情等有一定的了解；

（6）熟悉有关建筑和室内设计的规章和法规。

第三节 室内设计的特点和发展趋势

一、室内设计的特点

室内设计与建筑设计之间的关系极为密切，相互渗透，通常建筑设计是室内设计的前提，正如城市规划和城市设计是建筑单体设计的前提一样。室内设计与建筑设计有许多共同点，即都要考虑物质功能和精神功能的要求，都需遵循建筑美学的原理，都受物质技术和经济条件的制约等等。室内设计作为一门相对独立的新兴学科，还有以下几个特点。

（一）对人们身心的影响更为直接和密切

由于人的一生中极大部分时间是在室内度过（包括旅途的车、船、飞机内舱在内），因此室内环境的优劣，必然直接影响到人们的安全、卫生、效率和舒适，室内空间的大小和形状，室内界面的线形图案等，都会给人们生理上、心理上有较强的长时间、近距离的感受，甚至可以接触和触摸到室内的家具、设备以至墙面、地面等界面，因此很自然地对室内设计要求更为深入细致，更为缜密，要更多地从有利于人们身心健康和舒适的角度去考虑，要从有利于丰富人们的精神文化生活的角度去考虑。

（二）对室内环境的构成因素考虑更为周密

室内设计对构成室内光环境和视觉环境的采光与照明、色调和色彩配置、材料质地和纹理，对室内热环境中的诅度、相对湿度和气流，对室内声环境中的隔声、吸声和噪声背景等的考虑，在现代室内设计中这些构成因素的大部分都要有定量的标准。

（三）较为集中、细致、深刻地反映了设计美学中的空间形体美、功能技术美、装饰工艺美

如果说，建筑设计主要以外部形体和内部空间给人们以建筑艺术的感受，室内设计则以室内空间，界面线形以及室内家具、灯具、设备等内含物的综合，给人们以室内环境艺术的感受，因此室内设计与装饰艺术和工业设计的关系也极为密切。

（四）室内功能的变化、材料与设备的老化与更新更为突出

比之建筑设计，室内设计与时间因素的关联更为紧密，更新周期趋短，更新节奏趋快。在室内设计领域里，可能更需要引入"动态设计""潜伏设计"等新的设计观念，认真考虑因时间因素引起的对于面布局、界面构造与装饰以至施工方法、选用材料等一系列相应的问题。

（五）具有较高的科技含量和附加值

现代室内设计所创造的新型室内环境，往往在电脑控制、自动化、智能化等方面具有新的要求，从而使室内设施设备、电器通讯、新型装饰材料和五金配件等都具有较高的科技含量，如智能大楼、能源自给住宅，电脑控制住宅等。由于科技含量的增加，也使现代室内设计及其饰品整体的附加值增加。

二、室内设计的发展趋势

随着社会的发展和时代的推移，现代室内设计具有以下所列的发展趋势：

（1）从总体上看，室内环境设计学科的相对独立性日益增强；同时，与多学科、边缘学科的联系和结合趋势也日益明显。现代室内设计除了仍以建筑设计作为学科发展的基础外，工艺美术和工业设计的一些观念、思考和工作方法也日益在室内设计中显示其作用。

（2）室内设计的发展，适应于当今社会发展的特点，趋向于多层次、多风格，即室内设计由于使用对象的不同、建筑功能和投资标准的差异，明显地呈现出多层次、多风格的发展趋势。但需要着重指出的是，不同层次、不同风格的现代室内设计都将更为重视人们在室内空间中的精神因素的需要和环境的文化内涵。

（3）专业设计进一步深化和规范化的同时，业主及大众参与的势头也特有所加强。这是由于室内空间环境的创造总是离不开生活、生产活动其间的使用者的切身需求，设计者倾听使用者的想法和要求，有利于使设计构思达到沟通与共识，贴近使用大众的需求、贴近生活，能使使用功能更具实效，更为完善。

（4）设计、施工、材料、设施、设备之间的协调和配套关系加强，上述各部分自身的规范化进程进一步完善。

（5）由于室内环境具有周期更新的特点，且其更新周期相应较短，因此在设计、施工技术与工艺方面优先考虑式作业，块件安装、预留措施（如设施、设备的预留位置和设施、设备及装饰材料的置换与更新）等的要求日益突出。

（6）从可持续发展的宏观要求出发，室内设计将更为重视防止环境污染的"绿色装饰材料"的运用，考虑节能与节省室内空间，创造有利于身心健康的室内环境。

第四章 室内设计美的构成

设计美的构成是饰品造型观念转化为审美实体的重要环节。本章以工业饰品的艺术设计为主要研究对象，通过对饰品设计美构成要素的分析和构成法则的探索，来研究如何运用材料、结构、功能、形态、色彩、语意等视觉要素，创造现代科技与艺术造型相结合的饰品以及相关的设计文化氛围，以提高生活质量，促进社会的文明发展，不断满足人们日益增长的审美需求。

第一节 设计美的构成要素

室内装饰品的设计美是内容与形式高度统一的复合体。构成饰品的材料、结构、功能等内容要素，是使设计构想变为现实饰品的物质基础，也是形成饰品设计美的重要媒介；而构成饰品的形态、色彩、功能等形式要素，则是在满足人们对饰品使用需求的基础上同时满足审美需求的重要手段，也是企业提供高附加值饰品以增强市场竞争力的有效途径。下面分别就各要素在饰品艺术设计中所产生的审美功能进行逐项分析。

一、材料

饰品的造型材料主要是指饰品外观造型和结构所采用的材料。它包括金属材料、工程塑料、工业陶瓷和复合材料等四大类。金属材料能吸收并辐射出金属表面的光能，给人以坚硬、富丽的质感效果，具有良好的承受塑性变形的能力，易于加工成型。工程塑料质轻比强度高，特别适用于需减轻自重或强度高的机械工业饰品，其特有的弹性和柔度，往往给人以亲切柔和的触觉质感。工业陶瓷的高温抗蠕变能力强，导热性比金属小，多为较好的绝热材料。尤其是各种晶质玻璃、刻花玻璃、宝石以及建筑上用的玻璃大理石、玻璃饰面砖等，都已经广泛应用于艺术造型之中。复合材料能将一些不同性能的材料组合在一起，相互取长补短，它不仅体现最新科技的材质美，而且开创了人类在材料利用上的新时代。尽管材料的性能各异，但它们都具有相对统一的审美标准和构成依据。如由意大利设计师设计的一组镍钢咖啡茶具，利用金属材料反光效果透出冷傲的贵族气息，用加大的底部显示其稳定，用相互呼应的对比造型使饰品更为生动有趣。

（一）质地和肌理

由材料的质地和肌理构成的材质感是工业饰品形式美的重要美感之一。所谓质地，是由造型材料的物理性能或化学性能等自然属性以及社会经济价值所显示的一种表面效果。比如：钢材的坚硬、冷峻和稳固，塑料的光滑、圆润和亮丽，玻璃的细腻、明澈和洁净，竹藤的轻巧、纯朴和流畅，等等。材料的质地美具有静态的、深邃的、朴素的、雅静的审美特点。所谓肌理，是指造型材料表面组织结构、形态和纹理等所传递的审美体验。肌理效果的构成分为两种情况：一种是材料表面的高低起伏使人产生或粗糙或光滑的半立体形态的感觉；另一种则是材料表面的纹样不同、色彩不一或疏松紧密有别所产生的视觉效果。材料的肌理美具有动态的、意匠的、生动的、智慧的审美特点。由于意匠的肌理美比朴素的质地美更能体现人的创造性本能，因此，对材料表现力的审美活动主要集中在肌理美上。

（二）肌理效果的构成表现

材料的肌理效果一般表现为以下方面。第一，形状效果。肌理的单个元形状可运用重复、渐变、相似、发射、特异、密集、对比、矛盾空间等平面构成手法，营造立体效果和表面变化，亦可运用组织构造法营造出高低起伏形状的半立体形态。第二，光感效果。光感在视觉的明度阶梯中具有较宽的范围，其表现的光影层次明亮丰富，尤其是金属、玻璃、不锈钢、水磨大理石等材料，均能产生高光点或高光带，促使视觉兴奋并激发华丽、流动、变幻的审美感受。第三，触觉效果。触觉是人的皮肤弹性与物面之间的摩擦作用所产生的生理刺激信息。材料的触觉包括温觉、压觉、痛觉、位置觉、震颤觉等，既可产生光滑、柔软、光洁、湿润、凉爽、娇嫩等快适感，又可产生粗糙、刺硬、干涩等厌憎感。第四，视觉效果。可利用人们的视觉经验制造材料表面的不同纹样或色彩变化以产生视觉张力。通过直线透视、迭插、遮挡、阴影、明暗处理、视野的结构级差和异常透视等，强化进深，可制造出立体视觉效果。另外，利用半浮雕手法处理饰品或包装的外观装满，不仅能够在视觉上产生层次感和精致感，而且用在一些特殊用品上还能产生奇特的功能。如专为患帕金森症病人设计的药盒，病人可以在触摸药盒的表面半浮雕字体和药盒外形时产生信赖感和亲和力，通过推压药盒内轮转动，一片片地取其所需的药片。

现代工业饰品都是由一定的材料所组成的。材料表面的平整度，材料质地的细密度、光洁度、柔和性以及体现饰品功能性质的纹理设计等，都会令人产生轻重、贵贱、冷暖的不同感觉。随着材料表面处理技术的不断发展，利用电镀、电化学处理、非金属的金属化、喷镀等技术，可创造性地制造各种纹、光泽及涂饰覆盖的效果。

由于审美知觉中存在着的各种感觉互相渗透、互为补充的关系，从而引起各不相同的刺激模式，使得饰品的材料肌理显出五彩纷呈的奇特情景。

二、结构

工业饰品的结构，主要指具有三度空间并为功能服务的饰品各构件的内部组合方式。根据材料性能和零件组合方式的不同，一般将饰品的结构分为构筑型和塑造型两大类。构筑型结构呈简洁几何形造型风格，严格遵循力学的逻辑规律，多采用垂直方向的叠加和在水平方向的展开的对称结构形式，容易形成规律性和秩序感，给人以理性的逻辑的审美感受。塑造型结构一般通过制坯、烧结、铸造、注塑等方式成型，呈现出动感和生命力，容易形成较为丰满圆润、起伏微妙的曲线造型效果，给人以感性的形象的审美感觉。这些结构形态，是人类对自然规律深刻认识的智慧结晶，体现出人类在技术创造活动中对美的本质的执着追求。

（一）结构美与技术进步

不同时代的饰品结构是不同时代生产力发展水平的信息载体和审美情趣的综合体现。以家具结构为例，传统家具基本采用构筑型结构，主要有由立柱与横木组成的木框支撑荷重、用板材来分隔和封闭空间的框架构造；由板状部件采用榫合拼接与螺钉紧固相结合的板式构造等。如明式家具是中国传统家具发展的鼎盛时期，至今仍在世界家具设计史上占有重要地位。其选材质地坚硬，色泽优美，故而可以采用较小的结构剖面，制作精密的榫卯，并进行精细的雕饰和线脚加工，逐渐形成造型简洁、结构合理、线条挺秀、素雅端庄的独特风格。现代家具是工业化高度发达的产物。饰品大多采用玻璃钢制造工艺、塑料吸塑或注塑工艺以及多层薄木胶合工艺的薄型结构，便于存放和运输、节省空间的钢管折叠式结构，由各种可进行多次拆卸安装的拆装式结构，采用需配备气泵的充气式结构等。随着机械化加工业的不断发展，不少家具用镀镍钢管构成骨架，以纺织物、皮革、塑料或多层胶合板做面料，逐渐形成了重功能、简化形体的崭新设计风格。重视饰品功能的舒适方便，讲求批量生产的高效低耗，又表现出现代工业技术成就特有的严格精确的结构特征，讲究严谨的轮廓线与微妙的细部处理。自20世纪40年代以来，家具设计中有用模压制成单曲面胶合板固定于钢支架上的家具，用塑料注塑成双曲面壳体型家具，用细钢条焊接成网状双曲壳体型家具，还有在玻璃钢的双曲壳体上覆以泡沫塑料的包衬型家具，等等。后来又涌现出完全脱离传统家具的整体组群形式，由单体组合发展大部件装配式的单元组合家具。可见，饰品结构的变迁与科技进步的水平密不可分。

（二）结构美的造型认知

对饰品结构的造型认知最初始于对自然界中生命形态的解析。人类一直渴望能像鸟那样在空中翱翔，有人曾将蜻蜓般的翅膀绑在手臂上试图起飞，但结果却是徒劳的。1505年达·芬奇曾模仿蝙蝠的结构绘制了飞行器的设想图，内有一个供机师运用臂和腿的力量拍动的机翼。400年后美国北卡罗来纳州的莱特兄弟将这一幻想变为了现实。尽管那是一架速度等同于赛马、距地面也不过数尺高的笨拙飞行物，但它毕竟是人类创造的第一架解决了自重与平衡的飞机。在漫长的科学探索中，人们从未停止过对饰品结构和目的性的审美追求。随着科技的发展与进步，到了现代社会，利用生物学的某些原理解决更为复杂的结构难题的仿生设计，已成为一门融控制论、生物物理学、生物化学、工程心理学、宇宙生物学等多学科于一体的新兴边缘学科。结构美与科学创新的结合在日新月异的现代社会中正产生着越来越重要的影响。

在现代工业饰品的设计过程中，设计师仍然要面对饰品组成结构对功能影响的认知程度，透过造型构筑来合理安排设计的内容。德国设计师科拉尼是一位深谙空气动力学和生物学原理的优秀人才。他善于将动物的生理结构及形态用于饰品设计之中，从飞鸟形空中交通工具到能抗御强风浪的水上快艇，他的作品无一不带有新奇而神秘的未来派特点。在高科技饰品充斥现代社会生活的今天，科拉尼设计师竭力主张设计人与环境和谐的节能型饰品，始终重视设计内容和形式的统一。

三、功能

饰品的功能是指饰品合目的性、合规律性的功用和效能。在20世纪上半叶现代主义流行时期，功能性饰品设计师考虑得最多的主要因素，甚至成为饰品审美的品质规范和主要造型语言。到了后现代主义时期，人们的审美倾向更加趋于多元化，但功能依然是饰品设计师不得不考虑的主要构成要素之一。按饰品的重要程度划分，饰品的功能可分为基本功能和辅助功能；按饰品的实际用途划分，可分为使用功能与审美功能；按用户的经济评价划分，可分为必要功能与剩余功能。基本功能是用户购买饰品的原因和饰品存在的条件。辅助功能是附加在饰品上的二次功能，是实现基本功能的手段和方式。使用功能是饰品的实际用途、特定用途或使用价值。审美功能是饰品的外观造型、艺术魅力或情感价值。显而易见，设计美的构成所要研究的功能重点是与饰品附加值直接有关的辅助功能和审美功能。

（一）衡量功能美的效益指数

饰品附加值是衡量功能的重要效益指数。通过改进饰品设计和包装、装潢，通过对饰品的深加工、精加工，通过开发饰品新的使用功能等多种途径，提高饰品的知识含量、技术含量、艺术含量，可使原有饰品大大增殖，通常将这种增殖称之为饰品附加值。我国原煤产量居世界第一，长期以来均以低价出口，无形中造成了资源的流失与浪费。而在美国等发达国家，人们利用闲暇日外出旅游，回归自然，因而产生了对户外烧烤燃料的需求；不少怀旧的美国人在自家的居室内安装了壁炉，也需要解决燃料问题。如果能将普通原煤加工成易燃无害的新型燃料，就可以开发新市场并带来巨大的经济效益。我国科研工作者发明了一种表层涂有化学制剂的新型煤，可以优化原煤的燃烧功能，并开发饰品新的辅助功能：如将新型煤制成条块或饼状既方便烧烤，又增加了便携功能；配以精美包装可作礼品亲友互送，增加馈赠功能；添加烟花用于聚餐宴席，可增加节日的喜庆功能；融入中草药可散发异香净化环境，又增加了防病祛病功能。这些新科技和审美因素的注入使得该饰品的附加值迅速提升，每吨出口价由原来的30美元提高到600美元。随着市场竞争的日益激烈化，越来越多的企业将提高饰品附加值作为走内涵发展道路的必然选择。

德国设计师理查德·萨珀设计的阿莱西水壶曾风靡整个欧洲。该壶选用耐腐蚀性强、加工性能好的不锈钢材料作壶体，由导热性能好的紫铜包底，把手呈鸡冠形，并配有可产生EB音调的黄铜鸣笛，带给人以音乐享受。该饰品以其独特的造型和华贵的材质，被奉为最具艺术性的饰品，在影视广告和设计精品介绍中频频亮相，其影响远远超出了饰品本身在日常生活中的使用功能。

（二）衡量功能美的审美依据

现代艺术设计所创造的饰品的功能应符合人类追求体力解放与精神自由的双重要求，在创造物质载体的同时也创造出包括审美文化在内的精神饰品。一方面，现代饰品的艺术设计要符合实用的目的和要求；另一方面，由于饰品形式美的产生有其相对独立性，人们在生产一件饰品时不仅考虑其实用价值，还要考虑其审美价值，以便满足人们的审美要求。如果把饰品放在人与机的操作系统中考察，必然是人与机的协调才能构成功能美；把饰品放在更大范围的人类生存环境中考察，必然是机与社会的协调才能构成功能美。因此，衡量饰品功能美的审美依据主要是高效协调和舒适美观。

（三）饰品与使用高效协调的合规律性

人类一直都在为改善其生存条件和改造劳动工具而努力。从远古至今的一切人类创造性活动，无一不在试图寻找能够减轻劳动强度或替代人的各种器官延伸与扩展的途径，使人类从繁重的体力劳动和脑力劳动压力下解放出来。在长期的社会实践中，人们逐渐形成了对饰品高效、协调、安全、快捷的评价指标。随着现代科技的高速发展和人们生活质量的明显提高，新颖别致、舒适美观的家电饰品纷纷走进寻常人家，在洗碗机为人们带来快捷方便的同时，推进了无槽餐盘的改良设计；在使用微波炉的同时，涌动着食物结构变化所带来的饮食革命；人们再也不用为吸尘器的搁置问题发愁，因为它以墙角雕塑的新形象美化着居室环境。各种音响器材已日益精密化，不仅在内部结构及其制造技术方面更加成熟，而且在外形和色彩方面更加注重操作方便和肌理效果。

（四）饰品与环境协调的合目的性

人类创造饰品是为了不断地改变生存环境，促进文明社会的发展。产业革命初期的饰品设计曾片面追求大批量生产和实用功能，导致了英国空想社会主义者拉斯金和莫利斯用手工艺美术运动来阻止最初的技艺分离。随着工业化程度的提高，环境污染和破坏生态平衡的负面效应日趋严重，时代再次呼唤技术进步与审美环境的统一，呼唤保护环境与发展经济的同步进行。越来越多的国家和地区在制定其可持续发展战略时，正努力倡导一场以环境保护为出发点的"绿色革命"。它要求饰品在生产过程中节能，不污染环境；在使用、消费时无毒无害，有利于保护环境；在饰品报废或使用后易于安全废弃，或易于拆卸、回收、翻新。从饰品企划开始，包括材料的选择，饰品结构与功能设计，饰品制造的工艺流程，饰品包装与运输方式，饰品销售及使用，以及废弃后的回收处理等等，均要求考虑环境保护问题，生产低污染、省能源、易操作、造型简洁美观的功能饰品。

总之，功能美所产生的多层次的审美感受，满足了人对功利与实用的双重需求：其一，功能美具有直接的功利性，使人在使用过程中得到物质的满足；其二，人与机的协调反映了机受人支配，使人获得体力和脑力解放的深层美学思想；其三，饰品与环境的协调在更为广泛和更加深刻的背景下体现出人类利用自然规律，摆脱束缚与重负，追求体力解放和精神自由的不懈努力。因此，功能美集中体现了设计美的本质。

四、形态

形态是饰品外观的基础，任何饰品都具有不同的形态。

和二维空间的平面设计艺术相同，大多数饰品的基本形态是由点、线、面结合所产生的综合视觉效果。当这些视觉元素相对独立存在时，点具有集中、线具有延长、面具有重量和体积的各自特征。如果将它们巧妙地组合在饰品设计中，可以表现出饰品形态丰富多彩的视觉魅力。单一的点具有凝固视线的效果，两个以上的点会产生动感，大小不同的点可构成不同性格和不同深度的空间感，而点的连续又会产生节奏、韵律和方向，将点做成呈规律间隔的图形会产生线或面的视觉效果，等等。线是点移动的轨迹，又是面的界限或面的交叉。线本身具有力度感和运动感。直线表示静，曲线表示动，这种动静感支配着人们的审美情感，由此产生的垂直线具有庄严、坚强、稳重之感，水平线具有宁静、安定、平和之感，斜线具有向上、积极、飞跃之感，折线具有冷淡、坎坷、不安定之感，曲线具有优雅、秀美、柔和之感，等等。面是立体的界限，它可以是线移动而成的面，点扩大而成的面，线宽增大而成的面，亦可以是点密集而成的面，线集合而成的面，线条环绕而成的面，等等。由几何曲线组合成的面具有单纯、明快、简洁的审美特征，由非几何形组合成的面具有纯朴、自然的情感特征。在面的构成中，由于重叠效果的巧用，往往产生多样化的变幻效果，使面的重叠更具视觉吸引力。

（一）写实与抽象

饰品设计的形态美中有直接来源于自然界的真实形态，也有发自于理念思考的抽象形态。汽车流线型设计便是抽象形态的一个典型。国外有人曾做过实验：在汽车的外层捆上绳索，并在绳索上系一些小布带，当汽车急驶时绳索上的小布带颤巍巍地随风飘抖，由此得知时速在100 公里以上的汽车，其大部分的能量被用于和气流做斗争。德国设计师莱茵哈德·考尼格将海豚和低风阻的飞机外形借用到汽车的外形设计上，降低整车特别是车前部发动机罩的高度，把车身所有的棱角都改为圆润光滑的曲面，并删除一切凸出于车身外的不必要辅件，使车的横截面趋于圆形，纵截面为水滴形。此外，他还在汽车尾部加装一块高起的阶梯结构，以减少气流黏滞和车尾涡流。改造后的流线型汽车符合空气动力学原理，给人以强烈的速度感，很快风靡全世界。

随着科技进步和思维能力的提高，现代设计师除了注重自然外形的启发之外，更加注重自然物的内在机能和构造形态的启发。越来越多的理念形态正在丰富着饰品的造型领域，成为设计美重要的形态构成。意大利兰博基尼公司设计的鬼怪VT 牌轿车，以其12 缸5．7 升492 马力的发动机跻身于世界上速度最快的系列小汽车的前列。它的新奇而又浪漫的车身造型及亮丽明快的色彩十分引人注目，因车身低矮、车门设计为向上掀起的活动车门，更是令人瞠目结舌。抽象形的选择正逐渐成为现代艺术设计中倍受青睐的代表性潮流。

（二）情趣与理性

机械化工业生产为现代社会带来批量生产的同时，却摆脱不了形式单一、功能至上的设计困惑，缺乏人情味的几何形体几乎充斥着人类生活的每一个角落。为了改变这一状态，世界各地的设计师几乎不约而同地展开了对现代艺术设计的反思。除意大利的"曼菲斯"之外，美国也有了"High Touch"，在德国还有科拉尼的未来设计。年轻的英国设计师哥伊·狄亚斯设计的饰品以其独特的曲面形态形成了别具一格的饰品新一族。同世界上其他民族比较起来，英国人似乎有着近乎于刻板的拘谨以及过分的矜持，以至于形成了傲慢的绅士风度。然而，从文艺复兴时期的喜剧作家本·琼森到表演艺术家查理·卓别林，他们的艺术成就莫不与幽默艺术结下了不解之缘。哥伊·狄亚斯将这种英国式的幽默注入其饰品设计之中，既包容着欧洲古典艺术的流畅典雅的风格，又洋溢着现代艺术与后现代艺术的生机与活力。他设计的真空吸尘器，外形酷似一个戴着古代盔甲的武士或牛头怪兽。当人们一看到这种张着大嘴吞噬灰尘和杂物的吸尘器时，都会为设计师所具有的超人理性与审美情趣所折服。

五、色彩

色彩是设计美的重要构成要素，它可以直观而生动地将设计师的想法或意念传达给消费者。当本田VT—250F 型摩托车推向市场时，除车身精巧坚实的结构给人以安全感以外，其亮丽新潮的色彩体现了十足的现代感。该饰品的色彩计划是首先组成黑与红两种色彩的广告冲击，以收到勇猛的视觉效果；当其知名度已达到指名购买时，广告诉求马上转向白与红的组合，因为白色给人以静谧安详的感觉，可以扩大女性用车市场；再以银粉与红的组合，造成美观、快速、科技含量高的品质感，以满足喜欢标新立异的消费群自我表现的需要。这样，以同一车型不同色彩的变化相互影响，交织成一个坚实的整体饰品形象。

（一）色彩美的构成要素

人的视觉所能感知到的一切色彩现象，都具有明度、色相和纯度等三种基本性质。明度是指色彩明暗的程度，它可以不带任何色相的特征而通过黑白灰的关系单独呈现出来。观察一件物象，其彩色照片反映的是该物象各要素的色彩关系，而黑白照片如同素描仅仅只是把物象的彩色关系抽象为明暗色调。因此，明度是色彩的骨骼，也是色彩结构的关键。色相是指色彩的相貌，通常人的视觉能感受到红、橙、黄、绿、蓝、紫这些不同特征的色彩并将它们加以区别，这些特定的色彩即色相的概念。应用色彩理论认为，以红、黄、蓝三原色为起点，可分别过渡为上述的光六色；如果在六色相之间再增加一个过渡色相，即可构成十二色环；以此类推，还可继续增加过渡色相，构成新的色相。因此，色相是色彩华美的肌肤，也是色彩的灵魂。纯度是指色彩的饱和程度或鲜浊程度，在人的视觉所能感受的色彩范围内，绝大部分的色都是非纯度的色。当绿色中混入白色时明度提高成为淡绿，若混入黑色明度降低成为暗绿，正因为有纯度的变化，色彩才显得极其丰富。因此，纯度体现了色彩内在的品格，它是色彩审美的关键。

（二）色彩美的审美象征

人们对色彩的审美感受既是视觉经验的积累，又是整体意识的综合作用。在不同的环境和条件下，色彩是一种富于象征性的构成媒介，它分别体现出轻重感、胀缩感、情感、文化品位及价值观等等。

视觉心理学实验证明，强明度、高纯度和长波振动的色相可以引起人们神经的兴奋，能够有力地表达人的情感。同样是红色，红灯笼以及红盖头的红色象征着喜庆，红旗、红星、红领章的红色象征着革命、向上、进步和激情；而道路指挥灯及消防车的红色则表示停止或危险。同样是黄色，中国帝王龙袍上的黄象征着皇权的高贵，而出卖耶稣的叛徒犹大身穿的黄布衫却成为卑劣的象征；在印度黄色是光辉的象征，而在巴西等国则是死亡及绝望的象征。同样是蓝色，在有些国家和地区容易使人产生理智与永恒的联想，把它作为最高荣誉的象征。橙色是活泼、欢快、富足的色彩，橙色能使人脉搏加快，产生温度升高的感觉。绿色代表生机和宁静。紫色是波长最短的可见光波，它时而神秘，处于冷暖之间游离不定，时而优雅，柔美动人富有鼓舞性。总之，色彩的象征性能深刻表达人的观念和信仰。因此，在饰品设计中色彩的审美功能已受到广泛的重视。

不同的地域条件、文化背景、年龄层次，会产生不同的色彩偏好。由于地理环境的差异，海岸地区的人们大多喜欢对比强烈的色彩，如芬兰的赫尔辛基和意大利的威尼斯等；盆地地区的人们喜欢融合的保守色彩，如巴黎、伦敦、米兰等；大陆型文化区域的人们喜爱粗犷明快的色彩，如美国；海岛型文化区则喜爱柔和细致的色彩，如日本。即使同一地域因民族习惯和文化传统的不同，对色彩偏好也会产生较大差异。如我国云南少数民族地区，彝族崇尚黑色，服饰多以黑、红、黄为主色调；白族则相反，服饰多以白、红为主色调；苗族则喜欢蓝色，服饰多以蓝、红、黄为主色调。色彩是最为敏感、最为普及的美感形式。

六、语意

饰品语意是通过饰品造型元素来代表或表征某一事物的符号，是用来传达饰品意义，实现饰品与人沟通的一种设计语言。通过这种语言，人们可以了解饰品是什么，怎样使用以及饰品具有什么样的品位、特征等，从而实现饰品与生活、饰品与人作更加贴近、更富感情的对话。同样是按钮，却有着不同的使用方式：有的是利用凹面，提示"按"的功能；有的是采用反向纹理防滑，提示"旋"的功能；有的则是加大钮面防脱，提示"拉"的功能。

现代主义设计比较注重饰品的物理功能，但忽略饰品与人沟通的能力；后现代主义赋予饰品以生命与意义，相对现代主义设计而言，注重的是以传达、实现和编码为构架思维的饰品语意。随着现代高新科技的推广普及，越来越多的使用者要求饰品的造型语意简洁明确，有利于操作使用。不少优秀的设计师毕生都在追求造型理念隐含的价值。他们通过造型构成、仿生设计、空气动力学、人机工程学等，以展现其各自独特的设计风格，如后现代主义设计、曼菲斯设计、未来设计、概念设计、情景设计等。近年来专门探索造型理念转化过程的研究，已成为一门独立的新学科——饰品语意学。

广义上的饰品语意学包括三个符号系统：其一是饰品语构学，主要研究饰品功能结构中符号与符号之间的联系，它要求在设计中依据数学逻辑实现形式美法则的运用。节奏、比例、韵律等算术质，景深、位置、关系等几何质，多样性、立体感、形式感等拓扑质，都是造型活动中大量运用的形式美法则。整个饰品应构成视觉完形，处理好图形的闭合、相似和对称等关系。其二是饰品语意学，主要研究符号表征与指涉对象之间的联系。它要求首先是造型语言的可读性，即造型风格应具有同调性，无认知障碍且易于识记；其次是造型手法的传达性，即运用视觉的暗喻、类推、直喻等手法，建立饰品与文化生活之间的关联，既可作为语言的延伸，完整地表达设计师的设计理念，又方便使用者理解并正确使用饰品；另外还要求视觉张力及简洁性，强调形态、色彩、质感，使其形象鲜明，增加饰品的视觉吸引力，体现饰品的人文价值，从而形成秩序感，并将物质要素转化为情感符号。其三是饰品语用学，它研究符号与使用者之间的联系，主要强调以人为中心的尺度适应性，注意饰品的空间视觉效果及其环境影响，关注饰品的工艺及经济可行性等等。总之，研究饰品符号在使用环境中的标识、表意以及编码、解码过程，事实上已成为饰品设计美的构成实质。由上述三分支构成的饰品语意学正吸引着越来越多的工业设计师去探索设计的新领域。

第二节 设计美的构成法则

人类在创造美的实践活动中不仅越来越熟悉并掌握设计美的各种构成要素，而且一直在探索如何运用这些构成要素去进行饰品的视觉效果和使用功能的最佳组合。除遵循节奏与韵律、尺度与比例、和谐与统一、调和与对比等一般形式美的构成法则之外，设计美还具有不同于其他视觉艺术的特殊构成规律。

由于艺术设计是将审美理念和实用功能统一起来的创造过程，所以设计美是不同于一般绘画的多角度多视点的造型活动。饰品的艺术设计向我们展示的是一个丰富的立体世界，而立体在空间中是占有实际位置的，它没有固定不变的轮廓，不同的角度表现出不同的外形。饰品设计要同时满足实用与审美的双重要求，就必须深入饰品形态内部去探求其本质及规律，有意识地运用设计美的构成法则去实现饰品的功能要求。

一、抽象与单纯

人们认识一个物品的视觉形象一般经历三种反映过程：其一是光学反映，即物的反射光映入眼睛并在视网膜上成像；其二是生理反映，经眼部肌肉的扩张与收缩来获取信息，并经视神经系统传导大脑；其三是心理反映，有意识地将到达大脑皮质的刺激信息进行分析并作出判断。对那些未经提炼加工的自然形态原型，人们称之为具象形态；对那些经过视觉真实进行提炼加工的人工形态，则称之为抽象形态。在设计美的创造活动中，有的设计师是将自己的审美直觉如设计对象的形态、色彩及质感等变化关系忠实地加以描述；有的设计师则是根据各自的造型意识，将设计对象作任意的强调，从而将直觉上的形态转化为意念的形态，产生出新的视觉效果。

（一）从具象到抽象的演绎

由于设计艺术不同于主观性的纯艺术创造，它必须服从于一定功能的要求和制约，因此，设计构思不是漫无边际的想象，而是在有限中求无限的创意探索过程。设计师在演绎传统文化底蕴的同时，也在寻求现代文明的深刻启迪。中世纪的欧洲曾流行用两个或两个以上的姓氏起首字母构成徽记图案的传统。而中国汉字中的"譬"不仅包含咖啡厅音乐声响的含意，又具有东西文化碰撞与交融的图案构成的符号意义。日本著名设计师五十岚威畅运用这一汉字作为设计元素，进行由表及里的演绎推理，从而完成了由欧式徽标到中国文字的文化整合，创造出了一个全新意义的标志设计。

（二）单纯化的美学意义

从视觉效果看，单纯形最为醒目，也最易被识别。如同远近变形，远看的效果往往只表现图形的重点和总趋势，尤其是在对象所传达的物理刺激减弱时更是如此。从记忆规律看，若想在最短的时间里把握形态对象，就必须抓住最为主要的动态线。记忆保持的时间越长，形象也就越会单纯化。从现代生活看，人们置身于快节奏、高效率的现代社会中，更需要一些单纯化的人造物品来调节生活，平衡心态。正因为如此，单纯化不仅是一种造型手法，而且是艺术设计必须遵循的重要法则。

早在20世纪初，抽象艺术就被看作是艺术学潜意识情感的最高境界。抽象艺术代表人物蒙德里安认为，一切艺术表现均在"普遍的"和"个别的"两大范畴内，凡能体现艺术进化并在时间流逝中保持恒常不变的东西，并非艺术中的个别现象，而是带有规律性的东西。抽象艺术的目的就是表现"普遍性的东西"，因为抽象形态的单纯性和明确性，可以按照自身特有的结构方式来划分和论释时空世界，通过"运动的均势"来表达对形态构成的平衡与稳定规律的深刻认识。作为一种"形而上"的艺术形式，抽象艺术并不单纯地诞生于某一种固定理念，而是自然感受向高级思维阶段进化的结果。现代设计之所以青睐于抽象形态，是因为在解决功能、结构、工艺、成本以及视觉感受和欣赏品位的矛盾中，抽象形态可以创造出造型简洁、寓意深远的审美饰品。

二、量感与张力

与平面图形的立体感不同，饰品的设计美是具有高度、宽度和深度三维空间的立体形态，在空间中占有实际位置。人们在对立体形态进行量的描述以及形态内力运动变化产生的审美感受中，形成了不同的体量感和视觉张力。同样是对身体强壮的男人进行评价，一般身材高大健壮的男人，可用"魁梧"一词来形容，主要描述其身材特征。而当健美运动员在表演过程中做出各种动作促使肌肉紧张时，人们获得的是在形体的变幻中所展现的力量和能量的审美感受。可见，尽管量感和张力都带有形体审美的知觉成分，但前者侧重于立体形态体积的描述，而后者明显倾向于对物体内力运动变化的感应。

（一）三次元形体的分类及审美特征

按自然现象划分，三次元形体可分为单纯的块状形体、表面凸凹的浮雕式形体、块形上有洞穴的形体、板形扭折或翻转状的薄壳形体、悬挂浮动状的形体以及活动性的机动状形体等等。按几何形体划分，三次元形体可在球体、立方体、圆柱体、角柱、圆锥体、角锥等基础上，构成由点结合而成的形体，由线编排出来的形体，由面形构成的形体等等。按物质存在的内容划分，三次元形体又可分实心和空心两种形体。实心形体表里如一，感觉结实、沉着、稳固，但有时显得笨拙；空心形体轻盈灵活，便于想象。

日本历史上金属工艺的发展相对滞后于其他国家和地区，稀有金属一度被作为权力和地位的象征，成为皇室贵族使用的专利。日本著名设计大师五十岚威畅以铸铁为材料，别出心裁地设计出一些边缘有裂纹或呈起伏波纹状的各类铸铁座椅、托盘、灯具、烛台等，让人们在欣赏到拙朴与自然的古典韵味的同时，感受到现代设计艺术美的别致。这些作品曾获国际工业设计大奖，先后被德国埃森室内造型设计博物馆和慕尼黑博物馆选为永久性展品，被美国纽约库伯·海维特博物馆和丹佛艺术博物馆列为永久性展品，被以色列博物馆和加拿大蒙特利尔装饰艺术博物馆列为永久性收藏品。

不论是平面的立体表现还是真实的立体造型，对构成其量感与张力的各相关要素的分析与了解都很重要，如形态、重量、结构、模拟、表现、气韵以及色彩质地等等。20世纪最负盛名的雕塑巨匠亨利·摩尔曾在苏格兰的一片旷野中塑造了一组青铜作品——《国王与王后》。在这组雕像中，大师把"王权"的尊严、"潘神"的浪漫以及"动物"的生气（因潘神是希腊神话中专司保护牛羊的神，喜欢勾引山林泉边的神女，象征着自然无拘无束的生命）融为一体，使整幅作品通过诙谐幽默的形式，传达出奇妙而生动的视觉效果。摩尔敢于从潜意识中去探求那些隐藏在最深处且最能表现生命力的原始形体，擅长于从实体中挖出空洞，制造实体的延伸；又把不同的形体汇集起来，造成新的具有生命韵律的形体。他的作品具有独特的艺术感受，既高雅又庄重。摩尔就三次元的造型特质提醒大家：（1）素材的真实性；（2）完全立体的了解（各观察点均不相同的造型）；（3）对自然法则的深刻观察；（4）视觉与表现，抽象与现实的两个要素应善以协调。

可见，三次元形体的审美追求主要是通过形体的实体与外界空间的对比，产生对量感和张力的审美感悟。

（二）量感的立体表现

立体既可以是能明确指出界限（可计测重量，亦能丈量长宽高三度空间）的物体，也可以是依视知觉判断的立体，还可以是用点、线、面、体等造型要素构成真实量感的立体。因此，量感的立体表现可大体分为以下方面：

（1）简块状。在现实物体的面前，简块状最易令人产生诚实可靠、敦厚纯朴的量感。如实心的铸铁件饰品，回归自然的实心木制家具等饰品造型，都很注重饰品表面的触觉效果和形态结构，充分运用其表示重量感的显著特征。

（2）凹凸状。在量感的表现上凹凸状的立体一般采取阴阳刻的光影原理，因而比简单的块状有更多的视觉化的感觉成分。如凹凸互补、圆滑与尖锐的形状以及相互对比等，都是加强原始块状对大小量感表现关系的常用造型手法。

（3）曲面状。由于曲面上的被覆力特别大，扭折翻转后可以改变原有的质感和重量感，形成轻巧、单纯的审美感觉。

（4）虚实状。虚实状的饰品造型是由量感造型进入空间造型的转折。这一转折易于形成视觉上的板形，使重量感的正负分合保持虚实均衡状态，因而产生薄壳般轻快活泼且超现实的审美感觉。

（三）张力的视觉感受

张力本是一个物理学概念，指"物体受到拉力作用时，存在于其内部而垂直于两相邻部分接触面上的相互牵引力"。在饰品艺术设计中，张力除了指饰品外在形态的速度感和反抗力以外，还包括饰品内在形态本身所具有的气势感和生命力。视觉张力一般表现为：

（1）速度感。物体在运动中所呈现出来的速度感，能激发出兴奋、激动、进取、奋进的审美情感。

（2）反抗力。通常在有作用力的情况下必然会出现反作用力现象，这种反作用力如果在决定形态的抗争中占据主导地位，就能创造出强烈的视觉张力。

（3）气势感。由物体的内在联系和呼应构成的凝聚力，或体现其发展方向的轨迹，均能构成特定的审美氛围。

（4）生命力。从自然造物的表面形态或生长规律中探寻生命的活力，并运用传神的手法加以提炼和表达，已成为现代艺术设计中最具活力的构成法则。以虎豹的威猛体态来塑造摩托车形象的设计，可作为成功运用视觉张力的范例。作为一种高速便捷的交通工具，摩托车为大多数勇敢的男性消费者所青睐。因此，设计师取虎豹奔跑中的动感作基本造型，以斜线处理来加强外观上的速度感，使该设计在视觉上产生如虎添翼的扩张感。

三、和谐与有序

早在旧石器时代向新石器时代过渡时期，先民们就已经在磨制石器的加工过程中显现出对光滑与对称的审美追求。经过漫长时间的简化和应用的实践，人们逐渐形成了对统一与变化、调和与均衡、节奏与韵律等审美构成法则的认同，并遵循着这些规范与秩序从事美的创造活动。正如贡布里希所说："有机体在为生存而进行的斗争中发展了一种秩序感，这不仅因它们的环境在总体上是有序的，而且因为知觉活动需要一个框架，以作为从规则中划分偏差的参照。"一方面有机体在探察、审视周围环境的过程中始终具有能动性，另一方面有机体这种和谐与有序的秩序感也正是形式美构成的根本法则。饰品设计美的和谐与有序主要体现在以下方面。

（一）多样统一

在艺术设计中多样统一是构成形式美极为重要的法则之一。现代工业饰品的多功能高效用以及饰品内部复杂的结构等特点，要求设计师在外观造型上作出归纳并协调处理，以达到变化之中的统一。根据表现目的和设计要求，设计师应注意把握好统一法则的以下特征：

（1）主属。处理好视觉构图的主要部分和从属部分的关系，是实施统一法则的前提。一般情况下遵循主调部分视觉优先的程序，从属部分宜顺以追逐，两者和谐则统一，不协调则分裂而产生混乱。

（2）重复。将单一图形或某种基本造型元素多次重复，以使造型表现具有变化魅力，如二方连续、四方连续的图案构成等。

（3）集中。由向心力和离心力构成，向心力具有收敛与统一的权威，离心力则有伸展与变化的特点。如雨伞的鹊顶、电风扇的轴心，都能给人带来赏心悦目的审美感受。

多样统一法则在运用之中又是多样的、富有创造性的，如利用主题来统一全局，所有造型均围绕一个特定目标定格调；利用线的方向来形成指示性清楚的趋同感；选择形态与大小统一的元素形成富有亲密和谐的视觉同一性；运用色相变化的统一方法，以一色或多色来控制造型主调；采用明度聚光、利用明暗关系形成集中注意力；依靠彩度变化衬托主题，用鲜艳或沉着的色彩来突出重点；利用材料的质地变化，形成触觉差异或触觉视觉化效果等等。巧用多样统一的法则，可收到意想不到的效果。

（二）调和对比

宇宙间的一切事物都存在着既调和又对比的相互关系。有调和才有秩序，有对比才有生气。当一件饰品的局部与局部、局部与整体之间相互适合时，自然和谐的美感就能成立。当两个以上不同性质或不同分量的物体在同一空间或同一时间接近时，可以呈现出视像上的对比，彼此不同的个性更为显著。调和对比不仅极易产生视觉认知的冲击效果，能够左右形制与势态，同时在饰品形态上也扮演着极富戏剧性的角色。

在饰品形态设计中常用的调和对比构成主要表现为：

（1）形状的调和对比，如大小、多少、轻重、粗细、长短、厚薄、钝锐、水平垂直、集中扩散等。

（2）色彩的调和对比，如明暗、黑白、光影、鲜浊、丽朴、冷暖等。

（3）材质的调和对比，如凹凸、软硬、光滑粗糙、素面花面等。

（4）空间位置的调和对比。如动静、快慢、前后、左右、上下、高低、向心离心等，这些对比在饰品形态设计中千变万化，多姿多彩：电视机屏幕的方形和圆形、台灯灯罩与底座的体量比，是形状的调和对比；手表的金属亮面与磨砂暗面，皮制沙发的金属椅架与皮革椅面的亮度，是材质的调和对比；电熨斗的船形金属底座与塑料把手，既有材质比，也有动静比。在饰品外观上分出主辅层次，在饰品形体方向上实行某种变换，都是形成对比的手段。

在饰品设计中，对比固然是重要的，但只有对比，没有调和，则难以构成有机整体，就无美可言。调和的手段是多种多样的。条理、呼应、重复、次序等，是形成调和最常用的手段。对比与调和对设计美的形成十分重要，在设计中，要善于权衡二者的关系，根据实际情况，灵活处理。在对比与调和的辩证统一中，侧重于对比或侧重于调和能产生特别的美学意味。

（三）均衡对称

均衡的基本形式是平衡。平衡原指衡器两端承受的重量相等现象，用在艺术设计中分为三种形式：一是稳定平衡，即将物体的基座加大，或重心下移，用以提高物体的稳定程度，属于稳定平衡，如器皿设计；二是不稳定平衡，即在重心下面的一点支撑物体，稍受外力作用即刻倾倒，呈不稳定平衡状态；三是中立平衡，即不论物体如何移动均能保持其重心位置不变的形态。当人们综合审视饰品的形色、质量、光感、运动、空间、意义等造型要素时，一般都会关注造型的用意或分量是否偏重，并以感觉来衡量事实。对形体轻、薄、小、巧的饰品设计应注意安定的艺术处理，对重、厚、大、拙的饰品设计应注意轻巧的艺术处理。另外，在强调安定时应注意轻巧，以免因过分安定而使造型产生笨重感，而处理轻巧时则应注意安定，以免因过分轻巧而使饰品造型产生不稳定感。影响视觉安定感的主要因素有以下方面：重心在下面，或下底面宽的饰品造型易于安定。对形体高或腹径高的饰品，一般以降低重心或放大底部的造型手法来获取轻巧中的安定感；而对形体矮或腹径低的饰品，一般以抬高重心或收小底部的造型手法来产生安定中的轻巧感。对于玻璃、陶瓷、金属等重质材料制成的器皿容器，应着重处理轻巧的设计；而对塑料、纸品等轻质材料制品，则应在饰品形态设计的处理上注意安定。

在饰品的主辅体结构中往往因功能的需要而形成一定的空间。茶具的把手、壶嘴与壶体之间，台灯的底座与灯头之间，均可利用削减或扩大空间的造型手法，来达到增强安定感或轻巧感的视觉效果。随着后现代社会人们审美情趣的多元化发展，相对均衡对称的饰品造型开始出现更加自由化的趋向。

对称是指由两个以上的单元形状，在一定秩序下向中心点、轴线或轴面构成的引射现象。用在设计美构成中除最常见的两侧对称和放射对称之外，还表现为移动、反射、回转等形式。如果把单元形状按上下或左右，或上下左右同时作直线移动，可以形成二方连续图案或四方连续图案。通过轴线或轴面的分界构成的侧影或合影，包括阴阳对称可构成和谐。由单个元在对称轴周围做一定角度回旋，可形成多种对称形象：如电风扇三扇片呈120度回转形，称为三回转对称形；90度方向盘呈四回转；五回转呈72度回转，如梅花形。以此类推，回转越多则放射性的力度感越强。均衡对称极富沉着而安静的美。尤其是对称，只要了解一部分造型就可以类推全貌。在视觉上易记易识，呈结实统一的构图感觉。在运用均衡对称这一法则从事设计活动时，应着重把握好比例关系。比例是通过科学计算，对饰品形态自身大小的分量、长短的测定以及对构成饰品各局部之间、局部与整体之间的相互关系进行均衡比较的一种方法。经过长期社会实践的逐渐探索，"黄金分割"成为人们一致认同的美的比例关系。黄金分割的基本要领是把一个线段分割成大、小两段，使小的部分和大的部分之比等于大的部分和全体的比。由于整体和局部之间客观上存在着一定的比例关系，因而容易形成整体和谐的美感形式。

（四）节奏韵律

一切不同要素有秩序、有规律的变化均可产生节奏韵律美。在音乐舞蹈中，节奏韵律表现为一定的节拍、快慢和强弱。在饰品设计上是以饰品形体的厚薄、高低、大小、色彩的浓淡以及材质的粗细等视觉感受来表现节奏韵律的。拉夫尔沃纳德曾说过："我相信音乐和装饰之间完全可以进行类比装饰之对于眼睛犹如音乐对于耳朵，这一点不久将得到有力的证明。装饰的第一原理好像是重复……一系列间隔相等的细节，如装饰线条的重复。这与音乐中的旋律相对照……两者同出一源，那就是节奏……音乐的第二步是和弦，即几个不同音程的音或旋律的同时发响。在装饰艺术中也有相应的和弦：每一种正确的装饰设计都是一种组合，或形式规则的延续……和弦出现在音乐的第一对位中，也出现在装饰的匀称对比中。"可见，音乐语言和设计手法之间存在着亲缘关系。荷兰菲利浦公司设计了一电热壶。设计师不仅选择了虚实相间的探头造型结构，而且还采用了弧形曲面与直角相连的设计手法，使得整个造型生动有序，富有很强的节奏感。

设计美构成中的节奏韵律主要表现在以下方面：

（1）重复律，即对单个元或不同要素作出有秩序、有规律的重复变化如建筑物由窗户、壁柱、嵌墙和水平线脚等形成重复变化的韵律感。

（2）渐变律，即对单个元按顺序进行疏密、厚薄、方向大小、形状组合编排，以构成放射性变化的韵律感。中国古塔的建筑形式就是由层高、边搪、斗拱等构成丰富的渐变韵律的。

（3）起伏律，根据规律性的增加或递减，体量的轻重或视认性的强弱，形成能用数的比例计算出来的层次感。由于层次感里会有共同的形式，因此与比例、对称关系密切，如鳞次栉比的现代都市建筑群以及高矮起伏虚实变化的室内家具等。

（4）回旋律，依据回旋的曲率与曲势呈规律运动的涡状变化，形成富有运动感的律动表现。不论是吸心力较强的等差涡线，还是双曲线涡线及弹簧线等，其律动性的强弱取决于回旋的速度与力量的均衡，因此单纯的流线型本身就是一条极有深度的韵律线。近年来在设计界风行的光电造型、光点振动以及电脑绘画，都是运用律动法则去造型的。总之，设计美的构成法则虽有一定之规，然而其应用的变化却层出不穷。

第三节　设计美的构成表现

饰品的现代艺术设计是一个多维的错综复杂的有机组合。它不仅体现为各构成要素的审美特征，如新型材质的肌理美力学成就的结构美，现代气息的色彩美，合乎人体的舒适美精细加工的工艺美，批量生产的规整美，尖端科技的功能美和有利环境的生态美等，而且还表现为由这些要素组合在一起形成的复合形态的审美特征，如粗犷与精细、简朴与华丽、夸张与生动以及直白与隐喻等。饰品的艺术设计美是传统文化与现代文明之间传承、交融和变异的结果。

一、粗犷与精细

粗犷型饰品具有浑厚、激越、威猛、刚健的阳刚之美，在造型上往往富有急骤的运动感和很强的力度感，坚实有力，对立强于统一。由英国PENTAGRAM公司设计的便携式剃须刀采用简洁而稳重的立式造型，巧妙地将一组备用刀片藏入黑色塑料的手柄内，通过金属的高光带和黑色橡塑亚光，在色调上形成材质肌理上对比强烈的黑白关系。同时在手柄的表面刻意设计一些均匀的小点，暗示有力的抓握感。该饰品较为典型地突出了其冷峻、粗犷、坚硬、稳固的男性特征。此外，设计师有时也采取简洁洗练的手法，借助于线条和体量感来表达饰品形态的与众不同。日本著名设计师五十岚威畅曾设计出一款无绳电话机，全部采用直线造型，棱角分明，现代感极强。

精细型饰品具有轻盈、纤细、雅致、秀丽的阴柔之美，在饰品造型上一般表现为和谐统一，局部和整体形态的呼应关系比较考究，因而容易产生精致细腻的审美感觉。著名设计师理查德·萨拍曾运用杠杆平衡原理设计了一种悬壁式工作灯。在设计中，设计师充分考虑了工作灯的使用功能，精密地计算出重锤与悬挑尺度的相互关系，使台灯悬挑的范围可以在360度内水平旋转。灯伞小而轻，几乎不遮挡视线也不产生眩光。设计师还巧妙地利用变压器的重量，极好地稳定了灯座，由于方形变压器旋转时仍呈圆形，所以设计师选用了黑色柱墩的外形处理来显示其稳定感与旋转功能。长长的悬臂支架既点出了该灯所具有的悬挑功能特点，又用极少的红色来提醒人们两关节部位是调节伸缩的轴心。支架尾端的两个弧形重锤，加强了以轴为中心垂直方向旋转的含意。双层结构的灯伞内设铝板反光镜以保证发光效果，外为玻璃纤维加树脂压成，轻巧结实，散热性能好。灯座用铝板拉伸成圆筒形，上下排列着整齐的透气孔，有利于进出风的需要。该设计以其富有哲理的结构论释着科学美的真谛，并成为目前欧美最受欢迎的灯具之一。除了轻盈、纤细之外，设计师也比较注意饰品细部与整体的呼应关系，使饰品外观给人以雅致、细腻的审美感受。

二、简朴与华丽

简朴型饰品具有简括、憨拙、纯朴、童稚的自然美。在设计过程中，设计师尽量删减或摈弃不必要功能，因此，饰品造型的运动感和力度感趋于平和而安稳，其内部组织秩序也相对平稳。如意大利设计师金诺·帕斯托设计的彩条板椅子，设计师非常巧妙地将一块长方形的多层胶合板切割成三块形状不等的小板，用螺钉连接、固定、拼组而成，既易制作又便于拆卸、包装、运输。该设计曾因构思巧妙、造型简朴，荣获设计比赛一等奖。不少设计师在师法大自然、追溯人类文明的历史踪迹时，也以极大的兴趣发掘着童稚与憨拙带给人的简朴美。

华丽型的饰品具有做工精美、用料考究的特点，设计师往往通过装饰饰品由内向外的高贵气质，来体现使用者的经济地位和社会身份。18世纪欧洲的宫廷家具和餐具、灯饰，通过优美的曲线或用珍木贴片及表面镀金来加以装饰，不仅在视觉上形成极其华贵的整体感觉，而且在实用功能和装饰效果的配合上均达到了十分完美的程度。而现代社会的家用饰品在其造型和材料的选用及模拟效果上，也很注意利用人们的审美经验显示富丽、高档的视觉传达效果。日本东京设计师龟田曾选用展延性能好的铝材制作果品盘，圆形盘身和稳定有力的三角形盘裙可以一次成型。盘裙的花瓣状分割不仅稳稳地将果盘托起，而且改变了圆形的单一。为了方便端盘使用，设计师还在盘裙上增设了与其方向相反的六个线形花瓣，形成了可以从任何角度端起来的把手，在视觉上形成线与面的对比。在盘底上用镂空的圆孔组成的六角形图案来解决果盘的积水问题，既形成了盘底点线面的综合视觉效果，又对盘面与盘裙承重的不协调作了视觉调整，整个设计较好地满足了饰品使用功能和审美功能的要求。

三、夸张与生动

夸张型饰品一般不事细节修饰，通过诙谐有趣的造型使整体形象在飞扬流动中表现出张力、速度和运动等气势美。我国秦汉时期民间工匠曾制作过大量的玉器、铜器、漆器、帛画、壁画、砖雕、石刻等等，这些作品充分体现了民族上升期的蓬勃生命力。如成都天回山出土的东汉灰陶《说唱俑》，不仅造型圆润饱满，线条奔放简洁，而且人物的神态诙谐有趣，极富感染力。在当今设计大师的艺术设计作品中，也很重视夸张诙谐手法的运用。

生动型饰品形态逼真，线条流畅，富有强烈的韵律感和生命力，容易激起审美主体强烈的审美情感，如：德国设计的鸟嘴形工作台灯，其流线型灯罩与弧形悬臂构成了十分简洁明快的视觉效果；采用符合人机学原理的曲线椅背和精巧的结构形式，体现着简洁朴素和优雅风格的威克汉办公椅；简中育繁、单纯中透出丰富，令人产生神来之笔联想的瓶口灌注器；用碳纤维硬壳制作车身的自行车，整体形态流畅，即使在静止状态时仍能使人产生很强的运动感等等。

四、直白与隐喻

直白型饰品具有通俗、清逸、舒朗、轻松的审美特点。在我国甘陕地区农村，心灵手巧的母亲们常常为蹒跚学步的孩童制作精美的虎头鞋。一双普普通通的虎头鞋，经鞋底两侧加上四只虎脚和在鞋后跟加上一条上翘的虎尾巴后，其使用功能和审美功能均得到淋漓尽致的发挥——虎脚加宽了鞋底，有助于孩童学步时不易摔倒；虎尾自然而然地成了提鞋的鞋拔；憨态可掬的伏虎造型与张开双臂蹒跚学步的孩童融为一体，构成生活气息浓郁且妙趣横生的烘托关系。在现代设计中，设计师们也往往借助于直白而生动的自然形象构思其饰品造型，如由日本设计师设计的动物台灯。其顾影自怜的造型写实直白，蛇形灯管的调节自如更增添了人与物对话的情趣。

隐喻型饰品具有深邃、朦胧和深省的审美特点。中华民族的祖先曾用一砖一石修筑了绵延万里、盘桓在崇山峻岭之上的古老长城。多少年以来，万里长城以其鳞次栉比的箭垛和烽火台，显示出一个民族抵御外来侵略的不屈精神。而现代工业饰品的艺术设计则传递着科技发展和人类文明的进步信息。如动态高级立体声耳机的设计，图案化的射线开孔，暗示着放射状的音量和旋律，耳机架与耳塞使人产生视觉上的整体统一。

设计美的构成并非一成不变，虽然我们将它总结成以上的规律，但不能将这些规律死板地照搬到艺术设计之中去，而应根据饰品艺术设计实践的具体情况灵活处理。设计美亦如艺术美，它的创造"有法无式"。对于高明的设计师来说，"法"不仅不是创造设计美的障碍约束，而是实现其审美理想、创造高品位设计作品的智慧源泉。

第五章　室内设计思维

不同时代的社会实践活动，衍生出人类认识过程中不断升华着的主体能动性，它们折射着当时社会的发展水平，同时也昭示着未来社会的理想和希望。马克思曾说过："最蹩脚的建筑师从一开始就比最灵巧的蜜蜂高明的地方，是他在用蜂蜡建筑蜂房以前，已经在自己的头脑中把它建成了。"这说明，有意识、有目的的创造活动是人类区别于动物的根本标志。

凝聚在工业饰品创造活动中的现代艺术设计，是人类长期社会实践积淀下来的高度文明的产物，也是当代科学进步和思维科学的结晶。设计思维依赖于丰富而灵敏的形象构思，同时又离不开填密精致的理性分析。因此，设计师不仅要具有高度的逻辑思维能力，而且还要具有卓越的形象思维能力，以及能将人的左脑显意识与右脑潜意识功能交融并孕育出创造结晶的灵感思维能力。设计思维是开启通往成功艺术设计创造大门的钥匙。

第一节　设计思维的特点

现代生理学和心理学研究表明，人脑是一个非常复杂的工程系统，它的各部分机能是有着科学分工的。不同的大脑皮层区域控制着不同的功能：大脑左半球控制人的右半肢体，司职于数学运算、逻辑推理、语言传达等抽象思维；大脑右半球控制人的左半肢体，司职于音乐形象、视觉记忆、空间认知等形象思维。著名学者阿恩海姆认为："当我坚持不可能有不求助知觉意象的思维时，我所指的仅仅是应当保留使用'思维'和'智力'这类术语来指称的那种过程。不谨慎地使用这些术语会使我们把纯机械性的（尽管是非常有用的）机械操作，与人类建构和重新建构情景的能力混淆起来。"这是因为，视知觉和理智感悟是从令人迷惑的世界中找到秩序的根本途径。

幼童画树木总是由主干生发树枝，再让树枝布满树叶，这一枝繁叶茂的建构性的描述，表述了幼童从复杂事物中找到简洁秩序的思维过程。艺术设计亦如此，其思维是通过内在于意象的结构性质而进行的。当一切富于成效的思维必然发生于知觉领域内时，视觉是唯一可以表现空间联系的精确性和复杂性的感觉样式。因此，设计对象必须按照这种方式去组织和构想，以便使认识对象的主要性质突现出来。由于艺术设计是通过视觉语言和造型手法，对工业饰品的功能、材料、构造、工艺、形态、色彩等进行形象构筑的一种创造性活动，因此，在设计思维中视知觉成为表达饰品内部复杂的空间联系与简洁的外在形态的重要通道。设计思维特别重视直觉与灵感、想象与潜意识在创造活动中的作用，尤其是视知觉在思维活动中的特殊作用。从设计思维的跃迁性、独创性、易读性和同构性等特点中，我们可以了解到潜意识、图形识别等人脑智力思维活动深层功能的奥秘。

一、跃迁性

设计思维的跃迁性，是对所研究的设计对象进行界定并展开意念创造时，从逻辑中断到思想飞跃的思维过程中跨越推理的质变过程。

（一）跃迁性的心理分析

人的意识活动不是孤立的单一的反映活动，而是复杂的综合的反映过程。在这一过程中除了具有显现的、可控制的显意识反映形式之外，还有潜在的、不可控制的潜意识反映形式。所谓潜意识，就是主体对客体信息的前控制的反映形式。现代心理学通过人脑对于阈下的各种不同的潜意识信息的电反应（诱发电位）实验表明，人脑中的潜意识活动不仅客观存在，而且在接收、加工、储存、处理信息上发挥着积极的作用。第一，当潜意识感觉的总和接近于闭限，或受到某一相关信号的诱导时，潜意识活动有可能跃入显意识过程。而曾经是显意识活动，却因不断重复而记忆化、凝固化和自动化之后可以日益转化为潜意识。第二，潜意识是以"知觉信息"进行非逻辑程序的推论，在信息交换上潜意识和显意识之间存在着"渐进性"与"突发性"的辩证统一。第三，潜意识先于显意识。面对浩如烟海的信息，只有经过潜意识功能的大量筛选才能使少数有价值的信息进入显意识。而且，一旦显意识停止，潜意识更加活跃地集中在同知觉和空间相关的人脑右半球。因此，人脑右半球潜能的开发是促成创造性设计思维高级质变的前提和关键。

（二）跃迁性的思维反映

设计思维的跃迁性来源于知识经验的积累，启迪于意外客观信息的激发，得益于创新智慧之光的闪现。在大多数情况下，人们的思维意识会因潜意识长时间、多方面的周密思考而处于饱和的受激状态，这时外因的触发或思绪的牵动极有可能孕育出新观点、新视野、新方案，形成灵感闪现，直觉顿悟或想象构思。在设计思维过程中，当需要设计师对设计对象赋予材料、结构、构造、形态、色彩、表面加工以及装饰以新的品质规格时，当需要对饰品的包装、宣传、展示、市场开发等问题的解决做出视觉评价时，人们往往难以跳出对某一具体饰品原有形态的认识窠臼，容易形成先入为主的思维定势。但如果能冲破原有经验的束缚，摆脱定势思维的影响，则会迸发出意想不到的新创意。如新型罐头开启器的设计就冲破了撬、启分离的传统开启观念，利用旋钮带动齿轮与刀片磨合，使罐盖和罐体切割分离。呈S形曲线的旋钮造型既揭示了使用过程中手形的操作语意，又带给人轻松灵巧的审美愉悦。除微型齿轮和刀片是金属材料制成的以外，其余部分均用塑料制成，色彩亮丽，方便省力。该饰品还兼有开启瓶盖和拔拉木塞的多种功能，可以适应各种不同的开启需要。

（三）跃迁性的逻辑演绎

我们知道，概念是认识事物本质最基本的思维形式。任何一个概念都通过内涵与外延两个方面来反映人们的认识结果。概念的内涵所反映的是对象的本质或特征；概念的外延所反映的是对象所指的范围。它们之间存在着互相制约的辩证关系：概念内涵的多少与概念外延的宽窄成反比关系。当需要将某一问题的认识具体化时，可以用逐渐增加概念内涵的方法来缩小概念的外延，由外延较宽的概念过渡到外延较窄的概念；当需要将某个具体问题提升到一个抽象原则的高度时，就可以用逐渐减少概念内涵的方法来扩大概念的外延，由外延较窄的概念过渡到外延较宽的概念。运用概念、判断、推理等逻辑分析进行设计，可以清楚地看到设计思维跃迁性的现实反映。

以对冰箱功能的认识为例，"冰箱是什么？"冷藏食物的容器。为何要用冰冻手段？——为了抑制食物的腐败以保存食物。除了冰冻手段之外，还有其他手段可以保存食物：如民间将食物置放在树荫下或洞窟中以保鲜，谓之潮湿法；将食物在阳光下暴晒以防腐，谓之干燥法；将易腐的鲜活食品加以处理洗净后用盐腌制，谓之盐渍法；还有在寒冷气温下将食物置放在雪堆里，谓之雪埋法等等。如果将"冷冻手段"的冰箱概念外延放宽，或将"保存食物"的冰箱概念内涵增加，那么，用微波来抑制食物的腐败，用太阳能来替代电能的新型的饰品概念便会脱颖而出。

在对设计对象进行界定的过程中应注意以下问题。第一，有没有局限在饰品概念原有的机能上，无意地剥夺了想象的自由？

如有，则容易形成思维定势，妨碍创造性思维。不妨将硬体构想转换成软体构想，将概念的外延和内涵再加限定或扩宽。第二，是否未能顾及概念本身所隐含的功能？如有，则容易局限设计视野，无法寻求解决问题的新路径和新方法。第三，概念所表现的是目的还是手段？人们往往对直观的东西较易接受，而对隐含其后的实质性功能却容易忽略。只有当设计师明白无误地用科学的概念来界定饰品的目的，并用形象的设计语言来传递并满足人们的需求时，设计思维的跃迁性才能真正显现；只有当所设计的饰品能够和谐地处理人与机的关系，处理生产者与使用者双方利益的关系时，美化、优化人类生存环境，改变人们的生活方式，提升人类生活质量的设计目的才能真正实现。

二、独创性

设计思维的独创性，是指在设计观念生成的过程中，设计师充分发挥心智条件，打破惯有思维模式，赋予设计对象全新意义，从而产生新的设计方案的思维品格。

（一）独创性的素质要求

人的头脑有着惊人的创造潜能。前苏联学者伊凡·叶夫里莫夫曾断言："一旦科学的发展能够更加深入地了解脑的构造和功能，人类将会为储存在脑内的巨大能量所震惊。人类平常只发挥了极少部分的大脑功能。如果人类能够发挥一半的大脑功能，将会轻易学会40种语言，背诵整本大百科全书，拿12个博士学位。"每一个正常人的大脑构造并无太大差异，"天才"与"凡人"之别仅在于智慧潜能的开发不同而已。某调味品公司为促使销售额上升，规定其职员每人必出创意新招。临近规定期限时，一名17岁的少女仍然拿不出一个好主意，为此十分烦躁。这天吃饭时她和往常一样准备往汤碗里放味精。因受潮容器口变小，味精倒不出来，于是她用牙签将瓶口拨大一点，问题立即得到解决。就在这一刻，她的创意新招出现了。当这位少女提出的"加大瓶口"的创意方案被通过后,该公司的销售额果然大增。可见,创造性思维的确存在于每一个人的头脑之中。

设计思维的独创性素质要求分为心和智两方面。一方面,独创性要求具有不满感、好奇心、成就欲、专注性等心理因素。不满感是指善于发现设计对象的某些缺陷,并想方设法加以改变。好奇心是指对研究对象有着不可遏止的求知愿望,兴趣广泛,乐于探索。成就欲是指具有敢于冒险,想成就一番事业的挑战精神。专注性是指对研究对象如痴如醉,苦心孤诣,具有锲而不舍的韧性和执着追求精神。另一方面,独创性还要求具备流畅力、变通力、超常力、洞察力等智力因素。流畅力是指思路畅通,想象力丰富,能提出多种方案解决问题。变通力是指思维变化多端,能迅速而灵活地转移思路,由此及彼,触类旁通,弹性地解决问题。超常力是指思路与众不同,能突破惯性思维,提出新颖独特的解决问题的办法。洞察力是指能迅速抓住事物的本质,使问题简洁化、条理化,并能完善和补充设计构思的能力。曾有人做过一项实验:"废弃的易拉罐可以做什么?"要求参与实验的人在十分钟内作出回答,实验结果会令人十分满意:烟灰缸、插笔筒、风铃、花篮、钥匙饰、仿钢雕、装饰物、吸顶灯、储钱罐、音柱、浮桶玩具、跷跷板、电视天线、潜艇模型、柔光镜、风标、台灯、望远镜、拔火罐、洒水壶、发射头等等。一个人想法越多则流畅力越强;而不同性质的想法越多,他的变通力也就越强,他的善于发现,或与众不同,或能补充完美,均体现出其洞察力和超常力的程度。设计思维的独创性事实上是每一个心智健全的正常人都具有的一种素质和潜能。在设计构思过程中勇于实践并遵循科学的思维规律,即可较好地开发各种创造潜能,产生出良好的设计方案。

(二)独创性的生成机制

设计思维的独创性是设计师在社会实践活动中长期积累的结

果。无论是创造构思的求索、知觉信息的筛选、诱因条件的妙用，还是设计灵感的显现，都离不开设计师的社会实践。在设计思维活动中，境域—启迪—顿悟—验证等四个阶段构成设计思维跃迁性的生成机制。

"境域"，是设计思维独创性的生成环境。设计师应首先对设计物的有关条件和限制有透彻的了解，竭尽全力地投入思维活动之中，直至潜意识与显意识随意交融的忘我境域。"启迪"，是设计思维独创性的信息纽带。有很多设计是为了使原来的基本发明转化成可以增殖的新饰品，开发潜在市场的需要，如：普通自行车到山地车的开发；一般电话到可自动录音电话，甚至发展为可视电话等等。当设计构思陷入僵局、难得其解时，不妨从其他艺术形式和相关学科中寻找意象，形成完整而清晰的新观点，并在潜意识中反复酝酿，然后再用自己的设计语言把它译解出来。"顿悟"，是设计灵感在潜意识中孕育成熟后同显意识沟通时的瞬间显现。当人们经历长期的耐心探寻突然产生灵感诱发时，要养成笔录习惯，随时记下设计创意的思想火花的瞬间行踪。"验证"，是对设计创意的结果进行优劣分析、科学鉴定的审视过程。随着灵感的迸发，一些新方案、新思路甚至新理论会脱颖而出。在这些新思维中有可能出现直觉是模糊的，顿悟有缺陷，目的不明确等情况，因此需要运用界定技术重新审视原有的概念和表述，以便能集中焦点，把握要点，扩展重点，尽量完善和发展不同的设计构想，辨认并确立最佳的设计构想，直至完美解决设计目的为止。

独创性是设计思维最具代表性的基本特征。只要思路畅通，想象力丰富就可能产生发散性思维；只要思路与众不同，能突破惯性思维就可能激发独特的异向性思维；只要能迅速转移思路，由此及彼，触类旁通，灵活连接，就可能迸发出新颖的灵感火花；只要善于抓住事物的本质，使问题简洁化、条理化，就可能培养出优秀的洞察能力。

三、易读性

设计思维的易读性，是将设计意念的各种符号信息按照易于理解的构图秩序组织起来，发展为语义结构的模式识别，从而完成设计语言转换的思维特点。

（一）易读性的符号构成

人类有别于动物的标志在于思维和语言交往。在长期社会劳动和语言交往的作用下，人的思维由表象上升到概念，从而使人对外部世界的关系从直接的映象中分离出来，在思维中保持一定的独立。就这样，人的意识活动逐渐达到高度发展的水平。只有依靠语言交往等符号的作用才能实现人类知识的传递和文明程度的提高。因此，人的意识过程就是一个符号化过程，是一种对符号的组合、转换和再生的操作过程。日本筑波大学工业设计学科主任教授吉冈道隆先生在查看《韦伯斯特络三国际字典》时发现，design（设计）一词是由"de"和"sign"所组成，意为"将计划表现为符号"。他认为，把现象作时空过程来评判、考察和分析，将这种新意象作为表象固倒下来而得到具体的形态计划即design。可见，设计思维的易读性特点与人的符号化认识规律是一致的。

美国实用主义哲学家查·桑·皮尔斯从符号自身的逻辑结梅研究出发，提出"任一符号都是由媒介、指涉对象和解释这三种要素构成"。因此，人们认识事物的逻辑符号可分为三种不同的类型：即"图像符号"、"指示符号"和"象征符号"。"图像符号""是通过对于对象的写实或模拟来表征其对象的，它必须与对象的某些特征相同"。如肖像就是某个人物典型的图像符号，人们对它的感知具有直觉性，通过形象的相似即可辨认出来。属于图像符号的有画像、图景、结构图、模型、简图、草图、比喻、隐喻、函数、方程式、图形、形式等等。"指示符号"是"一个符号对一个被表征对象的关系"，它是表征经验钾域和经验现实领域决定因果关系的符号。如路标是道路街区的指示符号，门是建筑物出入口的指示符号。属于指示符号的；有路标、指针、箭头、基数、专有名称、指示代词等等。"象征符号""是一种对其对象没有相似性或直接联系的符号"，它可以自由地表征对象，并在传播过程中约定俗成地被应用，如红色代表革命，绿色象征和平。由于象征符号所表征的并非个别的与一定时空相依存的对象或事件，因此象征符号可以理解为一个包含对象集合的变数，每一具体的对象都是集合的要素之一。正是由于符号的基本逻辑结构才形成了符号间演化、组合和派生的各种机制，并对艺术设计意念的产生起着重要作用。

饰品的艺术设计与人们的生活息息相关，其信息传递的易读性要求十分明显。以电话机的设计为例，听筒相对于手、耳和口等，涉及适应与图像符号的关系；机壳与话筒把手的联结，拨号盘或按键与机壳的联结，涉及接近与指示符号的关系；拨号盘或按键本身，涉及选择与象征符号的关系。以上所述图像性与适应、指示性与接近、象征性与选择的关系正是人的基本的符号学行为。

（二）易读性的审美描述

设计作为饰品的魅力而得到发展，同时也成为其他传媒手段的运用工具。在现代人快节奏和无序的生活方式中，总希望在商品和广告的海洋中能迅速地将他们的某种需要识别出来，最为直观的就是各类视觉符号和图形语言。成功的经营总是同清晰易懂、简单明快的视觉吸引力相联系的。每当我们看到由弗朗西斯科·沙洛格里亚设计的三角形毛线标志，总能被它那柔软的、富有弹性的和圆润光滑的形状所吸引，因为在这个看似简单的图样设计中体现着企业及设计师最希望表达的商品性质本身，人们从这个标志上就能得到自己想要得到的商品信息。

在图形语言的运用上，设计师往往是从注意力的捕捉开始，通过视觉流向的诱导以及流程规划，到最后映象的定格等逻辑紧密的设置，去引导观者的视线运行，使观者能以最合理的顺序、最快捷的途径和最有效的浏览方式获得最佳映象，从而激发受众的心理诉求，实现传达商品信息和说服购买的广告效应。当文字、形态与色彩等各种信号不断地作用于人们的视觉感官时，就会引起视线的移动与变化。由于这些信息强弱不等，形态动势各异，人们往往会因构成要素的主观影响以及注目范围的视域优选，形成有规律的视觉运动。这些视觉运动表明，每一种艺术设计的描述都既是图像的、指示的符号描述又是象征的符号描述。人是通过图像性"适应"、指示性"接近"和象征性"选择"来确定认知环境的。因此，出于实用和传播的需要，工业设计和视觉传达方面审美状态的符号学描述，比绘画、雕塑等纯艺术美学更为重要。

四、同构性

设计思维的同构性，是指输入的知觉客体信息与已存储的审美主体经验信息间的顺应、受动与同化、再造的相互关系。

（一）设计思维同构性的拓扑映射

实验心理学证明过如下视觉现象：当向受验者交替呈现两个在空间位置上分离的点时，尽管它们之间并没有实际的物理空间上的相互运动，但由于呈现时间的连续和间隔的原因，受验者感觉到两个点在相互之间来回运动，电影就是如此，当胶片上离散的孤立的图像相继呈现时，受众知觉成连续的图像运动。在视知觉研究领域里，"图"与"地"的关系一直是图形识别应关注的问题。当光照条件较弱时，人们感觉到刺激图像模糊不清，难以辨认。然而，当光照条件略微改善时，尽管刺激图像仍然游移不定，人们可以把图形与其背景区分开来。这说明，输入的知觉客体信息与已存储的审美主体经验信息之间存在着拓扑映射——视觉系统对外界图像是从大范围性质出发的，先有图形和背景关系的知觉，然后才有图形局部性质的进一步识别。

如美国设计师兰尼·索曼斯设计的一幅环保招贴，设计师突破了二维平面视觉的空间限制，以"表现"而非"再现"的设计手法，将设计的主题形象—植物、动物和人巧妙地组合在一起，创造出多维的空间视觉效果。

格式塔心理学的完形理论比较系统地阐述了上述观点。这一学说认为，心理现象最基本的特征是在意识经验中所显现的结构性和整体性。人对外界事物的把握并不是分割开来的各元素，而是一个完整的整体。当外物刺激感官并传到大脑皮层后，大脑皮层按邻近原则、类似原则、闭合原则、完形原则等进行排列组合，把握其整体特征，从而得到一种感性体验的心理建构。在大脑皮层的生理电力场中，产生着具有方向和强度的特定张力。这种张力可以激发人们心理深处存储的经验记忆因而产生特定的审美情感，如高耸的尖塔，显示出力的由弱至强；层层深入的皇宫院落，显示出力的逐渐扩张等等。张力式样不同，产生的审美情感各异，如悲剧与喜剧；张力式样相同，产生的审美情感相近，如风雨飘摇与山河破碎。格式塔心理学揭示了客体的审美特征转化、过渡为主体的审美心理结构的变化过程。

人的审美感受是涉及感觉、知觉、表象、联想、想象等多种心理活动的综合化的过程，也是审美主体对审美客体不断同化、顺应的建构过程。一方面，审美主体顺应和受动于审美对象。另一方面，审美主体对审美对象又有着极大的吸收同化能力和再造建构能力。审美主体的选择和建构是以自身的审美心理结构图式来感知审美对象的，审美主客体的同构关系是在审美对象主体化和审美主体客体化的双向运动中实现的。

（二）设计思维同构性的创造过程

与审美主客体的不断同化、顺应的建构过程一样，设计思维活动也具有认知结构的双向性特点。当设计对象对设计主体的刺激被同化于设计主体的认识结构，即客体刺激被纳入主体的心理图式之中时，可以加强并丰富主体原有的认识结构，从而从量的方面扩大主体的认识结构；当原来的主体图式不能同化客体刺激时，就会发生不平衡以至于改变并创建出新的结构或图式，从而从质的方面扩大认识结构。因此，设计思维的同构性也是在刺激与反应、同化与顺应之间，从较低水平向较高水平的有序迁移中发展的创造过程。

设计思维同构性的创造过程具有如下特点：第一，通过对问题的界定可以使主题明朗化；第二，通过计划性的分析使研究更加符合设计的策略；第三，通过主题与主题之间，策略与策略之间的联系使研究系统化；第四，通过逆向思维和方法上的强制性使研究致力于可实现性。由于设计对象不是自然的而是人工的，不是现成的而是制作的物品，因此就设计对象的物质载体和审美状态而言，前者处于主导地位，设计对象在限定环境中的组合比艺术对象更加明晰和强烈。

在设计艺术的创作过程中，媒介既意味着情感和思想表达的载体，又意味着其自身就是认识评价的中介。如果按媒介的结构划分，可分为两个有机组成部分：一部分是以人为媒介，作用于现实存在和艺术作品之间，反映着艺术的内在方面—作品中的愿望、思想、感情等与现实之间的关系；另一部分是以物为媒介，作用于作者和观者之间，体现在外在方面—艺术的形式、物质材料等与观者之间的联系。这两者共同构成了艺术与现实之间的沟通与认同。

20世纪以来，许多当代卓越的图形设计师都在寻找一种途径——将复杂的理性结构转化为普遍认同的感性形式，并取得令人瞩目的成绩，矛盾空间的图形语言因其结构内核的特殊性而成为艺术参与中品位极高的一种形式，它不仅别具匠心，生动有趣，而且充满智慧，蕴涵哲理。比如：马尔康·格里为美国布朗大学出版社设计的标志，其基本形状为字母"B"，既取书籍"book"本意，又与出版社名称"Brawn"谐音。在构图中作者巧妙地运用表示书籍厚薄的黑白间隔，使占有左右空间位置的图形呈上下逆转的态势，既显示出版书籍的规格档次，又象征着企业的行业特征与经营规模。

上述特点充分表明，设计思维不仅要求人们用科学的方法界定设计对象，借助于灵感和顿悟来迸发创意火花，而且还要求用形象的设计语言表达解决问题的方式方法，用类推和隐喻来加强对设计对象的空间认知和视觉记忆，以形成完美的设计思维体系。

第二节　设计思维的类型

艺术设计是一门融合人类物质文明和精神文明的综合性应用学科。它不仅要求设计师有较高的审美敏感度和扎实的形象表达技能，心手协调，而且还要求设计师能对技术和艺术的结合做出思考和研究，通晓与设计有关的自然科学和社会科学的知识，不断地激发直觉和创造力，提高设计的文化品格。设计师在长期的设计实践中逐渐认识了设计对象与客观环境之间的各种联系，逐渐熟悉设计规律，从而形成一定的设计思维形式。

在围绕问题的解决而展开意念创造的设计过程中，建立在抽象思维和形象思维基础上的各种思维形式无疑相当活跃，并产生着积极的影响。从某种意义上讲，设计思维是发散思维、收敛思维、逆向思维、联想思维、灵感思维以及模糊思维等多种思维形式综合协调、高效运转、辩证发展的过程，是视觉、手感、心智等与情感、动机、个性的和谐统一。

一、发散思维

发散思维不受现有知识范围和传统观念的束缚，它采取开放活跃的方式，从不同的思考方向衍生新设想。这种思维方式亦称之为辐射思维、求异思维、立体思维和横向思维等等。

（一）发散思维的表现形式

发散思维的主要表现形式分为两种情况。（1）多元发散，即针对某一问题的解决提出尽可能多的设想，以扩大选择的余地，使问题得以圆满解决。比如采用多元发散思维解决发泡技术的推广可以获得意想不到的发明：在橡胶中掺入发泡剂，可制成橡胶海绵；用于塑料，可制成发泡塑料；用于水泥，可获得"气泡混凝土"的专利；用于玻璃，可用作冰箱或液化气体的隔热容器材料等等。（2）换元发散，即灵活地变换影响事物质或量的诸多因素中的一个，从而产生新的构想。比如：我国传统漆画工序复杂，周期长，制作成本昂贵。有人采用合成色浆同树脂调和，根据不同的材质和不同的画面需要，选择树脂最佳的固化时间和配比，终于创造出了树脂画这一新画种。换元后的新画种既可制成小型装饰画，又可以制成特定需要的大型壁画，成为新的艺术珍品。

（二）发散思维的特点及其应用

发散思维具有创造力中三个不同层次的显著特征：流畅性、变通性和超常性。美国学者基尔福特认为："正是在发散思维中，我们看到了创造性思维的最明显的标志。"在设计构思阶段，发散思维往往能激发出无数令人称绝的创意火花。如多功能旅行水壶的设计构思，作为一种旅行用水壶，除保持水壶蓄水的基本功能外，可以根据旅游多在盛夏需降温解渴的特点，衍生出具有降温功能的背包式水壶；根据外出轻装的需要，开发出具有便携功能的折叠型水壶；根据旅途疲劳的解乏需要，开发具有按摩功能的开合型水壶；根据旅游结伴而行的特点，开发出既卫生又能互相关爱、具有分享功能的芭蕉型水壶等等。在进入创意构想阶段时，发散思维的这些特征便开始产生积极的影响。

二、收敛思维

收敛思维是以某一思考对象为中心，利用已有的知识和经验为引导，从不同角度、不同方向寻求目标答案的一种推理性逻辑思维形式。它亦称定向思维、求同思维、集中思维和纵向思维等等。

（一）收敛思维的表现形式

收敛思维的主要表现形式有两种：

（1）聚焦收敛。将解决问题的各种构思方案聚合为焦点，找出问题的实质，促使思维相对集中，寻求最佳方案。比如在洗衣机尚未问世时，人们洗涤衣物大多采取搓洗、踩洗、刷洗、拍洗、甩洗等洗涤方式，其实质无非是通过摩擦或制造水流来使衣物洁净。尽管可采用电动刷和搅拌机的工作原理产生构想，但根据现有技术、材料、人机、经济诸方面的可行性分析，采用波轮旋转水流的创意更为合理。于是由电动机、波轮轴、波轮盘、导水管和缸体组合的洗衣机问世了。随后，人们根据不同的需求，不断开发出具有自动脱水、清洗、定时、烘干、杀菌等功能的新型洗衣机。

（2）推理收敛。根据事物内在的相互关系和变化规律，将决定目标的要素变项组合，推导出各种可供优选的方案。比如按照书写笔的笔尖、笔杆、笔套与照明灯的灯泡、灯架、灯罩之间各种对应组合的关系设计出新型手电笔。从笔尖的组合看，可设计出笔尖上有发光装置的灯泡式笔尖，可调节和调换笔尖的灯架式笔尖，以及可遮挡强光照射的灯罩式笔尖等。从笔套的组合看，可设计出既可发光照明又能当装饰物的灯泡笔套，可以伸缩悬挂的灯架式笔套，以及形状各异的儿童笔、读者笔等等。

（二）收敛思维的特点和应用

收敛思维具有求同性、集中性、有序性等特点。为了便于识别和记忆商品或企业的身份形象，从一长串的字母中取其主要字词加以组合，形成简明扼要的标志性符号，已逐渐成为国际上徽标设计最常用的方法之一。英国著名设计师大卫·赫尔曼为伦敦室内设计国际组织设计的标志堪称一绝。设计师取该组织（INTERIOR DESIGN INTERNATIONAL）各单词第一个字母的小写简称，组合为"idi"标志的基本外形，将"d"字母的下半部设计为一个桔黄色的正圆形。正是这个圆形部分成为系列海报招贴的替换元素。整个系列设计既生动有趣又统一有序，充满着浓郁亲切的家居温情和艺术品位极高的审美情调。该设计获英国权威组织（D&A.D）银奖。

三、逆向思维

逆向思维是通过改变思路，用与原来的想法相对立或表面上看起来似乎不可能解决问题的办法，获取意想不到的结果的一种思维形式。

（一）逆向思维的表现形式

逆向思维的主要表现形式有三种：

（1）反向选择，即针对惯性思维产生逆反构想，从而形成新的认同并创造出新的途径。比如：洁肤化妆品的消费对象一直以女性为主，男用化妆品的问世就是一种反向选择的结果。除盒装、瓶装的传统包装外，洁肤品系列近年来也出现了呈牙膏状的卧式袋装设计。该设计克服了使用多次后挤压困难的缺陷，通过加宽帽盖直径将包装改为立式设计，使有效利用变得十分合理。

（2）破除常规，即冲破定势思维的束缚，用新视野解决老问题，并获得意外成功的效果。当人们视力模糊时，一般须配戴眼镜，通过镜片前方的形状来矫正眼球视物的焦距：以较平的曲率矫正近视，较大的曲率矫正远视，以不规则的曲率矫正散光。自

20世纪80年代开始，隐形眼镜逐渐风靡全球。将一小块透明塑料片放在眼球前方的泪膜上即可取代硬镜片，这种镜片可随眼球转动，视野更为宽阔。

（3）转化矛盾，即从相去甚远的侧面做出别具一格的思维选择。牙膏从来就是洁齿护齿的清洁用品，可"胃康"牙膏却兼有保肝护胃的保健功能。由于引起胃粘膜病变的幽门螺旋菌一般躲在牙垢中，当机体抵抗力降低时便随着唾液或食物返回胃内兴风作浪。胃康牙膏抓住"病从口入"的特点很快获得成功。

（二）逆向思维的特性及其应用

逆向思维具有双向性、创新性及转移性的特点。在构思设计方案时，应注意绕开以前所熟悉的方向和路径进行思考。日本索尼公司研制的可显示相反画面的电视新饰品，较好地满足了运动员通过相反动作来研究和提高技艺的需要。同样是为了解决饭不糊的问题，有的公司通过开发不粘锅的新型材料来解决，而夏普公司则创造出电热源在盖子上的电饭锅。为了帮助失眠者入睡，美国研制过一种催眠眼镜，这种眼镜不仅可以遮挡光线，而且在眼镜的镜框内装有特别的电子仪器，通过电极可以给人脑发出有节奏的信号，催人入眠。在德国一种专门为汽车司机研制的提神眼镜别具一格，在镜架上装有能控制眼皮活动的光电子器件，当司机行车中疲倦欲睡时，电子元件就会发出报警的信号。德国德津丰根公司利用电冰箱后壁冷凝器工作时产生的热量，配置了热交换器和贮水箱，可在不影响冰箱制冷功能的情况下提供一定温度的热水，一昼夜可把水温从15 ℃ 加热到75 ℃。这样的设计智慧之花不胜枚举。

四、联想思维

联想思维是将已掌握的知识信息与思维对象联系起来，根据两者之间的相关性生成新的创造性构想的一种思维形式。

（一）联想思维的表现形式

联想思维的主要表现形式分为因果联想、相似联想、对比联想、推理联想等。

（1）因果联想，即从已掌握的知识信息与思维对象之间的因果关系中获得启迪的思维形式。微生物学家巴斯德认为，食物腐败是因微生物大量繁殖的结果。受这一观点的启发，英国外科医生李斯特联想到伤口化脓是因为细菌大量繁殖，从而发明了外科手术消毒法抑制细菌繁殖，使伤口化脓导致死亡的比例迅速下降。

（2）相似联想，指将观察到的事物与思维对象之间作比较，根据两个或两个以上研究对象与设想之间的相似性创造新事物的思维形式。著名生物学家贝时璋曾对生命的特征在于"活"下过很好的定义："就是物质、能量、信息三者的变化、协调和有机统一的动作。"由电供给能源，用特制的硬件物质相似人体的运动，装上快速模数变换及频谱分析装置相似人的听觉、视觉、能觉，再由软件把由这些外部设备接收的信息和能源、物质的协调动作组合成一个整体，就变成了"电脑"和"智能机器人"。

（3）对比联想，指将已掌握的知识与思维对象联系起来，从两者之间的相关性中加以对比获取新知识的思维形式。法拉第受到戴维老师把化学能变成电能，又把电能转化为化学能的可逆过程的启发，经过9年的努力后，成功地完成了把已有的由电生磁现象可逆为由磁生电的实验。

（4）推理联想，指由某一概念而引发其他相关概念，根据两者之间的逻辑关系推导出新的创意构想的思维形式。鸟能飞翔而人的两手臂却无法代替翅膀实现飞翔的愿望。因为鸟翅的拱弧翼上空气流速快，翼下空气流速慢，翅膀上下压差产生了升力。根据这一原理人们改进了机翼，加大运动速度，成功地制造了现在的飞机。

（二）联想思维的特点及其应用

联想思维具有启迪性、支配性、逻辑性和扩展性的特点。运用联想思维从事设计创造时，可以根据事物对象的特征以及联想概念的语义组成联想链，将改进的对象组成同义词链，把随意选择的对象组成偶然对象链，把它们的特征组成特征链。当设计师在同义词链、对象链和特征链之间建立新的组合时，就能产生新奇而丰富的设计创意。以"椅子"的创造性设计思维为例，首先找出事物对象"椅子"的同义词：安乐椅—方凳—软椅—折叠椅—长条凳，等等。接着随意选择对象，组成偶然对象链：贝壳—网络—圆环—花，将偶然对象链的特征加以描述：有美丽的条纹—有间隙有展系—可以组合—可以产生花瓣的曲线美，等等。再将每个偶然对象与每个同义词依次组合，形成各种新观念：如"贝壳椅"、"网络椅"、"环状软椅"等等。将特征与同义词依次组合衍生新的联想链：如"藤编安乐椅"、"充气软椅"等等。一般而言，联想思维越广阔，越灵巧，创造性活动成功的可能性就越大。

五、灵感思维

灵感思维是人的接纳能力、记忆能力和理解能力长期积累的突发表现。灵感思维有时也称为直觉思维。

（一）灵感思维的表现形式

"灵感"（inspiration）一词起源于希腊语，原指神赐的灵气。灵感思维的主要表现形式有两种：

（1）神秘灵感，指突然闪烁出来的具有内在主动性的奇思妙想，它一般比较偏向于由抽象到具象的思维轨迹。牛顿居然把天体运动中的月球想象成一个被大力抛出的石头，这种惊世骇俗的突发奇想既不是直接从经验事实中归纳出来的，也不是从既定的逻辑前提出发演绎得到的，但它却完全符合客观事物的发展规律。

（2）混沌灵感，指处于饱和的受激状态下，由外因触发反射或蜕变出来的思维结果。混沌灵感始于具象而后朝着理念的抽象性世界再转化表现出来。德国化学家弗里希·凯库勒在睡意朦胧中梦见了一条首尾相接、编跃起舞的长蛇正围绕着自己，由此突然悟出了苯分子碳链的环状结构。

（二）灵感思维的特点及其应用

灵感思维具有跃迁性、超然性、突发性和独创性等特点。在日本有一种英译日的笔型字典，它无需翻书或按键便可直接用于报纸和杂志的阅读。字典呈笔型，内藏3万个日常用语，只要顺势移动笔尖，翻译笔会自动显示英文的解释。德国研制出一种保密文件专用纸，当受到一定值的外来灯光照射时文件纸会变黑，原来记录在纸上的文字或图形会在瞬间消失。瑞典一家公司专为教师设计了一种便携式可卷黑板。黑板的正面是粉笔书写面，背面涂有压合胶粘剂，并贴有一层保护封皮。揭开封皮后黑板可以牢固地粘附在墙面上而不留任何痕迹，用完后重新贴上封皮，将柔软薄板卷起来以备再用。

在艺术设计领域里灵感被认为是思维定向、艺术修养、思维水平、气质性格以及生活阅历的综合产物，是一种高级的思维方式。被人们冠以"设计魔术师"的英国著名图形设计大师艾伦·弗莱彻，常常用似非而是的矛盾图形和幽默诙谐的风格韵味等视觉智慧，展示着他那卓越的创造表现才能以及坚定的自信心。当美国IBM公司在法国巴黎开设欧洲新总部时，艾伦·弗莱彻为该公司设计的六张一套系列海报令人称绝。由于英语中的"ART"除美的创造和表现的含意之外，还包含知识技能和实践的含意。而IBM公司所代表的世界高新科技电子技术无疑是20世纪人类文化的结晶。因此，艾伦在设计意念上独具匠心地将该公司处于艺术之都的地理特点与代表高科技的企业特点巧妙地融合起来，在每一幅广告上分别引用一位著名艺术家的格言，并与"ART"的字体设计构成相对统一的画面整体，产生出令人回味无穷的视觉审美意境。如在引用法国著名作家左拉的名言"艺术作品是内在气质的显现"的同时，运用透叠的形式将"ART"三个字母组合在一起，绝妙地表现出了画面效果和名言本身的穿透力；在引用俄国色彩大师康定斯基的名言"每一件艺术品就是它所处的时代的产物"的同时，非常巧妙地用艺术"ART"与时代"TIME"，的共同字母"T"构成图形的基础。这位一直在创造视觉惊奇的大师，不仅在广告的表现形式上，而且在设计的本质上已经把握了时代艺术的真谛，他的作品为灵感思维做了最好的诠释。

六、模糊思维

模糊思维是这样一种思维方式：它运用潜意识的活动及未知的不确定的模糊概念，实行模糊识别及模糊控制，从而形成富有价值的思维结果。

（一）模糊思维的表现形式

模糊思维的表现形式主要有两种：

（1）潜意识，人的思维活动是一种多层次、多侧面、多回路、立体展开的、非单向线性延伸的复杂系统运动。在这个运动中不仅要受主体的思想、观念、理智的制约与规范，而且将主体的情感、欲望、个性、气质、爱好、习惯和难以捉摸的直觉、潜意识、幻觉、本能等都交织在一起。人们在评价女性美时除注目其姿色外，更看重其风韵。风韵的不可言传本身就具有不可究实的潜意识。

（2）不确定，或"非此非彼"或"亦此亦彼"。著名数学家莱布尼茨等人认为审美意识是对事物的混乱的朦胧的感觉。这一观点源自模糊数学中的互克性原理：当一个系统复杂性增大时，我们使它精确化的能力将减少。在达到一定阈值（即限度）时，复杂性和精确性将互相排斥。研究对象越复杂，人们有意义的精确化能力就越低，过分的精确反而模糊，而适当的模糊却可以带来精确。

马克思主义哲学认为，客观事物是普遍联系、互相渗透且处于不断运动变化中的。惟其普遍联系和互相渗透，一事物与他事物虽有质的差异但在一定条件下却可以互相转化；惟其不断变化，因而在事物内部又只有相对稳定而绝无固定的疆界。因此，一切事物既有明晰性，又有模糊性；既有确定性，又有不定性。人们正是在对事物模糊性不断深入认识的基础上得以逐步展现其明晰性，进而揭示事物其内在规律的。

（二）模糊思维的特点及其应用

模糊思维具有朦胧性、不确定性、灵活性等特点。设计是通过视觉语言来传达信息的，视觉传达发生偏差时就可能产生模棱两可、虚幻失真的矛盾图形。当某种矛盾空间图形语言的信号出现于非典型环境中的时候，如仍将人们的视觉运动按通常方式加以诱导和暗示，就会创造出突破二维、三维乃至多维空间的视觉效果。在这一类富有智慧的图形中，不仅体现着奇妙的悖论、错觉或者双重的意义，而且还与当代许多实证科学有着某种内在的联系。将一条狭长的纸带扭转180 度后两端枯贴起来，于是带上只有一条边和一个面。如果想为带子的一面涂上颜色，那么整条带子的内外两面均会被涂上颜色；如果用手指沿纸带边缘摸索前移，可同时接触到纸带所有的边；如果将纸带沿纵向中央一分为二，分出来的不是两条，而是一条比原来长许多的细纸带。这就是数学上非界的莫比斯单侧曲面原理。荷兰绘画大师埃舍尔巧妙地将这一原理溶入艺术设计之中，在他的作品《带魔带的立方架》中，魔带上的小泡时而凹进去，时而凸出来，两条自相矛盾的魔带构成了一个看似和谐、实则不存在的矛盾空间。

日本著名设计大师五十岚威畅多次运用轴侧原理，对一系列字体雕塑作品作二维空间向三维空间转化的视觉实验。结果发现，从一种平面形式向另一种立体拱形形式的转换中，可以导致抽象新形态的出现。当这些抽象的雕塑呈现在人们的眼前时，原有的字符表意功能就有可能被"掩藏"在抽象的形体之下很难辨认。而如果将平面的图形文件数据输入电脑，就可以清晰地观察到各个方面的变化情况。由于转换之后的字体雕塑具有典型的建筑形式美感，这些凝固的艺术设计作品在其结构和形态上都体现出了一种令人陶醉的音乐感。

综观世界上著名设计大师的作品不难发现，各种设计思维方式都能在设计创造活动中发挥积极的影响作用。这些设计思维方式分别在设计意念的生成过程中显现其结构性和整体性，同时又都在设计思维过程中形成视觉张力和复合形态。因此，任何一种设计思维形式都不是孤立存在的，它们是一个辩证统一的综合体。

第三节　设计心理学

在艺术设计中，人与物的关系是一个核心问题。艺术设计一般也可以从人与物的关系上划分为两大类型，即以物与物的关系为中心的设计（如齿轮、发动机等）和以物与人的关系为中心的设计（如住宅、服饰等）。这种划分只具有实际操作的意义而无实质的意义，因为以物与物的关系为中心的设计，通常只能作为某个整体的局部或部分而存在。事实上，一切设计都是为人而存在的。以物与人为中心并进而突出人的主体地位，这是现代设计的根本理念，也是未来设计所应取的方向。

以物与人的关系为中心来进行设计，突出人在设计中的主体地位，实际上也就是要充分考虑人的各种生理、心理要求，把人的各种生理、心理要求纳入到整个设计过程中去。

从心理学的意义上说，设计作为一种有计划、有目的的造型过程，不只是一个技术过程，同时也是一个心理过程。设计师的构思和创作，以及接受者（消费者、社会公众、设计项目委托人）对设计的感受和评价，都包含着一系列复杂的心理因素和心理要求。从这个意义上说，设计不过是不断变化着的某种心理的形象表现。

一、不同设计的心理要求

设计是一个广阔的领域。我们今天所说的"设计"既不同于纯艺术，也不同于传统手工艺或工艺美术。从外延上讲，设计几乎遍及生产和生活的每一个领域。随着设计程序的日益复杂化和精密化以及设计所关涉的范围日益扩大，设计本身也变得越来越专门化。在设计领域，几乎很难找到全能的设计师由于每一种设计的出现，都是针对生产和生活中的某个或某些特殊问题的，因此，事实上每一种设计都要求某种特殊的材料、形式和技巧，同时也要求某种特殊的素质和能力。其中虽然包含着某些共通的方面，但从具体操作而言，则往往各不相同，甚至互不相干。只要稍稍对比下室内设计师、家具设计师、服装设计师、包装设计师、广告设计师或其他设计师之间的工作，就可以看出，这些设计师所面对的问题，以及他们对问题的处理方式，都是很不一样的。

与此同时，由于设计所针对的问题不同，以及设计的实际操作过程不同，人们对不同设计的心理要求也不同。这种心理要求的不同在一定程度上决定了人们对某件设计作品的接受和评价。

（一）工业饰品设计的心理要求

工业饰品设计，包括生产用品和生活用品的设计，是现代艺术设计的主干。工业饰品设计是三维空间的造型设计，它所要考虑的问题很多，包括材料、结构、功能、外观、加工方法等等在内。但最根本的问题是充分体现饰品的功能和使用价值。在工业饰品设计中，一切审美上的或艺术上的考虑，均必须以饰品功能的实现作为其出发点。实用、经济和有效是衡量工业饰品设计优劣的首要标准。在市场经济条件下，饰品也即商品，因此，饰品设计所要考虑的最基本的心理要求，即如何最大限度地满足商品购买者或消费者对饰品功能的需要。

从满足消费者对饰品功能需要的角度看，饰品设计所应具备的基本条件是安全、便利、经济和有效。所谓安全是指不给消费者造成生理和心理上的伤害；所谓便利是指操作和使用的方便；所谓经济是指设计合理，没有多余的部分，并且符合消费者的购买能力；而所谓有效，则是指功能的完满实现。

除此之外，工业饰品设计因其性质和用途的不同，也会造成心理要求上的差别。一般来说，生产用品的设计（广义地讲，包括工业设备、运输设备、商业设备、服务设备、科教设备等的设计），主要应考虑的是实用功能方面的要求；而生活用品的设计（主要指生活消费品的设计，包括一次性消费品和耐久性消费品的设计），因为关涉到个人的生活，从心理上讲具有更为复杂的要求。特别是耐久性消费品的设计，除满足安全、便利、经济、有效的要求之外，还应有更多的审美上的或艺术上的考虑。关系到个人衣、食、住、行的服饰、器皿、住宅、家具、电器和交通、通信工具（用于个人生活的自行车摩托车、小汽车、电话机等）的设计，同个人的荣誉感、成就感和审美爱好等有着十分密切的关系，甚至同个人的风度和形象也有着直接的关系。

从这方面考虑，生活用品的设计特别是耐久性消费品的设计，所应考虑的心理要求主要包括以下三个方面：

一是个性化的要求，也即不同年龄、不同性别、不同职业、不同地域的人的心理要求和习惯。从这个意义上讲，生活用品的设计在造型和色彩方面都应当力求多样化和系列化。

二是审美化的要求，这包括赋予饰品外观和色彩以美的秩序，也包括赋予饰品外观和色彩以某种品味、格调或情调。品味、格调或情调不只是一个美的秩序的问题，它不能仅仅通过平衡、对称和节奏等简单的形式美法则而获得。品味、格调或情调表现在直观感受上有朴素大方、高贵典雅、豪华气派等多种分别，表现在饰品形式上则涉及造型、色彩和质地等多个方面。一般而言，使用简单的材料和结构，并充分利用材料的本色、质地和纹理，易于造成朴素大方的感受；而使用贵重的材料、复杂的结构和装饰，并对材料表面进行精细的处理，则易于形成高贵典雅、豪华气派的感受。从心理学上讲，不同品味、格调或情调的需要，是不同个体文化修养和审美趣味的体现。这不只是一个形式问题或结构、比例问题，而是一个内涵问题或意蕴、意境问题。它所要表现的不是个体消费者的视觉感受，而是其特殊的生活理想和情感态度。以朴素大方的设计为例，这样的设计所表现的可能是一种追求简朴的生活理想，但也可能是某种怀旧情感的流露。

三是新颖和时髦的要求。工业饰品尤其是生活用品的外观和色彩设计始终在不断翻新，而且，几乎在每一个时代，都会形成某种时髦的或流行的样式。从心理学上说，设计样式的不断翻新，是为了满足人们的求新、求变、求异和自我表现的心理，而时髦或流行样式的出现，则主要同从众心理、求同心理和模仿心理有关。求新、求变、求异、自我表现与从众、求同、模仿，可以说是人类本性的不同侧面。前者是由生命和生活的变化决定的，而后者则取决于人类群居的事实。

（二）视觉传达设计的心理要求

从广义上讲，视觉传达设计或视觉设计与工业饰品设计均属于工业设计的范畴，因为绝大部分视觉传达设计都是围绕饰品的宣传和推销来进行的。但视觉传达设计与工业饰品设计是有区别的，工业饰品设计在于提供实体性的饰品，而视觉传达设计则在于提供某种关于饰品或服务的信息；前者属于三维立体设计，后者多半属于二维平面设计。

视觉传达设计包括包装设计（包装装潢设计）、广告设计、标志设计、商标设计、展示设计等多种设计。在现代社会条件下，视觉传达设计主要服务于商业，其所传达的信息也主要是商业信息。

从实用方面考虑，视觉传达设计同工业饰品设计一样，都应当考虑实用、经济、有效等方面的要求，具体来说就是设计中的线条、色彩、图形、图像等一切造型要素都应当服务于一个共同的目的，即传达真实、准确、有效的信息。

从传达真实、准确、有效的信息考虑，视觉传达设计要求以强烈的色彩对比、富有动感的构图、新奇独特的造型等手段，造成强烈的视觉冲击力，以吸引接受者的无意注意。吸引接受者无意注意的方法，主要在于增加刺激物的强度，包括绝对强度（如巨大的画面、强烈的色彩等）和相对强度（如色彩间的强烈对比、线条或图形间的强烈对比等）。这种方法在包装装潢设计和广告设计中，有着十分广泛的运用。包装装潢设计和广告设计均服务于商业的目的，其设计目标首先在于突出商品的优点和特点，使接受者形成独特而深刻的商品印象。

其次，视觉传达设计所传达的一切信息必须是可记忆和可理解的。只有使接受者记住并理解有关的信息，才能最终达到设计的目的。否则，视觉传达设计就成了一种无用的东西。为了加深接受者的记忆和理解，视觉传达设计应当减少识记的材料，降低理解的难度，突出传达的重点和特点，采用简洁的线条、色彩和构图。这种方法，我们可以在日趋抽象化的现代商业广告设计、标志设计和包装装潢设计中找到大量的例证。太阳神集团标志、曼特生集团标志和巴塞罗那奥运会标志，均以简洁明快的构图和突出的主题给我们留下鲜明的印象。在这些设计中，抽象化旨在减少图形或图像的歧义，运用形象的方法将信息加以高度的集中和概括，以便加强接受者的记忆和理解。

除了刺激接受者的视觉，吸引接受者的注意，加深接受者的印象，强化接受者的记忆和理解之外，视觉传达设计还应当激发接受者的联想、想象和情感体验。从艺术化或审美化的角度考虑，视觉传达设计的侧重点恰恰在于激发接受者的联想、想象和情感体验。因此，优秀的视觉传达设计既要传达真实、准确、有效的信息，同时又不限于只是满足这一简单的目的。它还需要有某种情调，有某种意境，使接受者形成丰富的联想和想象，甚至产生强烈的情感体验。这种心理上的要求一方面体现了人类的多重心理需要，另一方面也可以推动视觉传达设计向艺术化和审美化的方向发展，增强视觉传达设计的感染力和说服力。在这一点上，视觉传达设计同工业饰品设计一样，都必须把人摆在设计的中心地位，将人的情感要求纳入到设计的范围之内。只有这样，才可能有富有人情味和艺术感染力的设计。

（三）环境艺术设计的心理要求

环境是人类活动的场所。环境设计包括各种建筑设计、室内装饰设计、庭园设计以及工厂、机关、学校、街区等小环境设计和整座城市大环境的设计。

从人类活动的性质来考虑，环境设计主要包括生产（工作）环境的设计和生活（休息、娱乐）环境的设计。

环境艺术设计的目的在于给人的活动提供一个好的场所，亦即使设计尽可能适应人的活动规律，提高活动的效率。住宅设计中的空间分割，客厅、卧房、厨房、过道、厕所、阳台等的搭配，首先应满足日常起居的要求；工厂或工业园区的设计，包括车间的设计以及车间与办公楼、职工住宅等的布置，应满足生产程序和生产管理程序的要求；城市规划设计中的区域划分以及居住、服务、教育、娱乐、交通、生产、行政等各类设施的安排，应当首先考虑城市居民日常活动的要求以及进行有效的城市管理的要求。

由于环境艺术设计所要解决的根本问题不是环境本身的问题，而是环境与人的关系问题，因此环境艺术设计中也应当考虑功能和经济以外的要求——这主要指的是情感方面或审美方面的要求。单纯的实用的环境设计是现代设计的通病，其最大的缺憾是没有人情味。为了克服这一弊端，可以采取两种途径。一是在环境设计中必须留下美化的空间或绿地。提倡建设花园式的厂区、城市即是为了达到这样的目的。在环境设计中充分考虑色彩的配置、观者的视域。增加各种景点和休息、娱乐的场所，也可以达到同样的目的。二是在环境设计中注入历史或文化的内涵。譬如在工厂范围内设置有关工厂历史的纪念性雕塑和建筑（如展览室），不仅可以满足职工的审美要求，而且可以强化职工的荣誉感和归属感；在城市设计中充分考虑城市历史遗迹的保护，开辟具有地方特色的步行街道和广场既可以增加城市的文化底蕴，满足居民休息、娱乐和审美的要求，又可以充分体现城市发展的历史连续性，增加城市设计的人情味，强化居民的荣誉感、归属感和亲切感。

除此之外，由于环境设计涉及人类活动的不同侧面，因此，不同的环境设计也应当考虑不同的心理要求。一般来说生产性的环境设计或工作环境设计、公共环境设计，主要应考虑的是社会群体的心理要求，如工业园区的设计、街道和花园的设计、城市的设计等，都应以特定职业人群或特定居民群体的心理要求作为设计的依据。而生活环境的设计，如住宅及其室内设计，则主要应以个体的心理要求作为设计的依据。在这方面，个性化的表现或个体精神需要的满足已经逐渐取代了那种整齐划一、千篇一律的设计模式，而成了当代生活环境设计的一个主导性原则。生活环境的设计，不仅应当考虑不同年龄、性别和职业的人的心理要求，而且应当考虑不同个体的生活习惯和个性特征。这一点，在室内设计中表现得尤为明显在工业化的时代，住宅的设计尽管由于技术和施工的要求，在形式上表现出整齐划一的趋势，但是室内设计却往往因人而异。室内设计中空间的分割、光线的利用（包括灯光的设计）色彩的匹配和家具的陈设，除了安全、舒适和便利的共同需求之外，设计的主要依据是个体即居住者的心理特征和要求。

二、艺术设计的一般心理分析

设计是为了生产和生活中的实际需要（或问题）而进行的一种有计划、有目的的造型活动。不同领域和不同时代的设计，会因为需要的不同或技术条件的限制而表现出不同的风格和样式。对这些不同风格和样式的设计，可以进行专门的心理分析。但这一点丝毫不意味着不同的设计之间没有任何类似的地方。事实上，设计除了受到那些特殊的材料、工艺技术和时代背景的限制之外，还受到人类共同的心理要求和心理规律的限制。在设计的创造、接受和评价过程中，同时也包含着普遍的、心理上的动机。

（一）感觉、知觉与设计

人类的心理活动内在地包括了认知、情绪（情感）、意志三种不同的成分。其中，认知活动是情绪（情感）活动和意志活动的基础。而在认知活动中，感觉和知觉又构成整个认知活动的基础。

感觉是人脑对直接作用于感觉器官的外界事物的个别属性的反应（包括内部感觉，如肌肉运动感觉、平衡感觉等和外部感觉，如视觉、听觉、味觉和触觉等），而知觉则是人脑对直接作用于感觉器官的客观事物的整体反应。

从艺术设计的角度来说，感觉和知觉所具有的各种特性，是设计者从事某一项具体设计的心理前提。

1.感觉阈限与设计

人的感觉器官对外界事物的反应总是存在着一定的局限。太小或太弱的刺激无法觉察，而太强的刺激又可能导致回避觉察。前者存在着一个下阈限，后者存在着一个上阈限。下阈限或称为绝对阈限，是可被觉察到的最小刺激值；而上阈限则是可被觉察到的最大刺激值。一般而言，视觉阈限在艺术设计中具有十分重要的意义。设计中所使用的色彩必须具有一定的强度才可以引起注意，从而被接受者所觉察。所有的设计，在色彩、形态和触觉感受上，一般都应超出绝对阈限，才可能构成独特的造型，给接受者留下深刻的印象，尤其是包装设计、广告设计等视觉传达设计，通常都是以接近上阈限的强刺激来吸引接受者注意的。

除了绝对阈限之外，还有所谓差别阈限。人们对于超出阈限值的刺激一般都能觉察出来，但对于超出阈限上的任何变化或差别，却不一定能觉察出来。例如，到集贸市场买水果，首先挑选的总是最大、最成熟或质量最好的几个，但挑来挑去，挑到后来就觉得好像一个样。换句话说，水果与水果之间只存在极微小的差别，其差别的程度已无法觉察。所谓差别阈限，指的就是最小的可觉差。人们只有在差别阈限以上，才可能觉察出事物之间的差别，而在差别阈限以下，就不可能觉察出事物之间的差别，习惯上把它们看作相同的事物（尽管它们在客观上可能存在某些极微小的差别）。

差别阈限被运用于设计，主要包括两个方面的意义：一是通过超出差别阈限的强刺激，设计出全新的作品或饰品，利用差别阈限吸引消费者或接受者的注意，造成"不一样"、"不寻常"的感觉（就单件作品或饰品而言，各种对比手法的运用，也在于以明显的反差—如线条或色彩的反差—吸引接受者的注意，并使接受者形成深刻的视觉印象）；二是通过接近差别阈限的弱刺激构成细微的变化，以造成既富于变化又相对统一的感觉，如企业形象设计中的视觉识别设计，其基础系统中的字体、色彩和图形等，在应用过程中往往表现出细微的差别，但这些差别又以不破坏企业形象的统一为限（就单件作品或饰品而言，接近差别阈限的弱刺激，则是通过调和的方法来体现的，如色彩的调和）。

2. 视觉流程与设计

心理学实验表明，人们看东西时不可能一眼就看清楚整个对象，而有一定的先后顺序，这种先后顺序即是视觉流程。视觉流程具有以下特点：第一，在瞬间视觉范围之内，一般只存在一个焦点或中心；第二，焦点或中心显得最清楚，最容易被觉察；第三，看一个具体事物通常是先通观全体，然后将视线停留于某一局部，由某一局部转移到另一局部，最后形成对整体的视觉形象；第四，视线停留的地方通常是在上方或左边，然后由上方转向下方，由左边移向右边。

视觉流程对于设计而言，有着多方面的作用。首先，一切设计都必须有一个中心或重心，以造成视觉上的整体感和安定感。中心或重心可以是设计的主题部位，也可以是特定的观察中心。确定中心或重心的目的，是避免由于视线散漫而给接受者造成混乱的印象；其次，一切设计同时也是对整体的设计，每一个局部都不可忽视。因为整体感和安定感的形成，不单要考虑视觉中心的确定，而且要考虑各个视点的相互联系与协调—如电视机壳体的设计，荧光屏很自然成为视觉中心，但荧光屏之外的各个局部和组件也可能是视线跳动的落点（视点）。在设计中，只有将各种构成要素进行通盘考虑，才能消除视觉上的紧张感和矛盾感；再次，各种设计要素应当按一定的层次进行安排，以造成视觉上的连续感、秩序感和韵律感。连续感、秩序感和韵律感的形成，同视觉流程有着密切的关系，而在设计上则同视觉引导（设计要素的安排）有着密切的关系。如园林设计中的景点安排和道路设置，就必须考虑对观赏者的视觉引导问题。

3. 触觉与设计

设计总的来说是视觉艺术，视觉是设计创造和接受的心理学起点。但由于一切设计都涉及物质材料，物质材料的表面质地和性能在构成设计的审美外观中，同样起着十分重要的作用。

设计中使用的材料或所应予以在生产、制作中考虑的材料，可谓多种多样。每一种材料都有不同的质地和性能，触觉主要即是对材料质地的感觉。

从设计的角度说，触觉包括两种：一是通过手或皮肤的触摸所形成的直接触觉，二是通过视觉所形成的间接的触觉或视触觉。不同材料的质地形成不同的触觉，二者的结合构成材料的质感，如钢的坚硬沉重，铝的华丽轻快，塑料的温和轻盈，木材的朴实自然等等。不同的质感不仅表现出材质的美感，而且可以更鲜明地突出设计的个性和风格。

对质感或者说对触觉美感的强调，是现代设计的特点。各种材料的使用和形式的抽象化，又进一步强化了这种特点。从心理学的意义上说，设计中对触觉的利用，一是在于强化对设计的审美感觉，二是在于强化人们对设计的整体印象，使材料与形式和功能有机地结合起来，构成完整、统一的设计形象。

4. 联觉与设计

人所具有的各种感觉可以在一定条件下发生相互沟通的现象，这种现象叫做联觉。例如，极大的响声能引起麻疼的感觉，深蓝色或深绿色会造成寒冷、凉爽的感觉，一个红色的水果含有甜美的味觉信息，而一个青绿色的水果则含有苦涩的味觉信息，等等。联觉也就是由一种已经产生的感觉，引起另一种感觉的心理现象。

联觉对于设计具有重要的意义。一般来说，设计是以视觉形态呈现给人的，它给人的刺激首先是视觉刺激。但是，一件设计作品的视觉刺激可以引起人的各种感觉，包括听觉、味觉、嗅觉、触觉以及温度感觉、速度感觉、运动感觉等等在内。例如流线型的造型往往给人以柔和和运动的感觉，而直线型的造型则给人以坚固和稳定的感觉（柔和、坚固属于触觉，运动、稳定属于运动感觉）。在设计中，联觉的运用包括两个方面的意义：一是通过特定的色彩和造型避免不好的、令人不愉快的感觉，或在一定程度上改变人们的感觉。例如吊车、起重机、大中型机床等极需要稳定感和安全感的饰品以及飞机、火车等具有动态感的饰品，都必须有恰当的色彩和造型，才不致于引起不好的、令人不愉快的感觉。有些物品看起来很笨重或很笨拙，但通过改变其色彩和形态，才可以在一定程度上缓解甚至消除这种感觉。二是通过特定的色彩和造型唤起多种感觉，以强化设计的艺术魅力。尤其是那些只能单凭视觉来加以把握的设计，要唤起其他的感觉，就只能利用联觉的作用。例如为了给某种音响饰品做一则招贴广告，饰品的音响效果不可能在广告中得到直接的表现，但是通过加入某种发声事物的形象（如吼叫的老虎形象），则可以唤起接受者的听觉印象。同样，一幅配有风景照片或配有高档茶具并以绿色为基调的茶叶包装设计，也可以刺激人的味觉感受。这种感觉的转换，可以使接收者接受到多方面的信息，从而对饰品形成全面、深刻的印象。

5. 错觉与设计

错觉或视错觉，是由于物象对比及经验的影响而产生的一种错视。

错觉在形式上可表现为大小的错觉、长短的错觉、上下的错觉、角度的错觉、方向的错觉、面积的错觉、平行的错觉、分割的错觉、对比的错觉、色彩的错觉等。例如，同等大小的圆形，放在不同的面积中，使人感到大面积中的圆形小，而小面积中的圆形大。方形的横向分割中线，使人感到上面的一半大，下面的一半小。被称为莱亚图形的两条相等的横线，一根在两端连接内向的斜线，一根在两端连接外向的斜线，使人感到两条横线不等。

在艺术设计中，对错觉的利用主要包括两个方面的考虑：一是利用错觉纠正视觉上对线条、色彩和形体等方面的偏差，以形成特定的心理效果，如安定感、舒适感等；二是利用错觉以获得某种特定的艺术效果，如公共集会场所的建筑物多采用垂直线，给人以高大、宏伟的美感。

6.知觉特性与设计

知觉是人脑对直接作用于感觉器官的客观事物的整体反应，同时也是对感觉器官所获得的各种信息的选择、组织和解释过程。

与感觉相比，知觉具有自身的特性，其中包括：（1）整体性，即知觉是对事物的整体反应，而不是各种感觉信息的简单相加；（2）组织性，即知觉具有将各种相互接近、彼此类似或前后连贯的元素（事物）进行归纳、概括和分类的能力；（3）封闭性，即知觉具有将不完全刺激归纳、补充为完全刺激的能力，如将一个有缺口的圆形（圆弧）看成是一个完整的圆形；（4）选择性，即知觉具有将知觉对象从背景中分离出来的能力。

知觉所具有的各种特性，对于艺术设计都具有不可忽视的作用，同时也具有非常重要的利用价值。例如，利用知觉的封闭性或完形倾向进行设计，有意地留下某些"缺口"，可以给接受者提供充分想象的余地，增加设计的趣味。20世纪50年代曾有过一幅"只有轮胎的汽车"的广告设计，画面上既没有车身，也没有引擎和其他部件，只有四个到位的旋转车胎和一个备用车胎，在驾驶室里的司机座位处，画有一个司机操作的姿势，却没有座位和方向盘。整个画面到处是"缺口"，但留给观众的，仍然是一个司机驾驶一辆汽车奔驰的完整印象。同时，由于省略了其他细节，轮胎得以突出出来，而轮胎正是广告所要推销的饰品。因此，从艺术上说，这也是一件以及其简洁的方式，达成广告目的的成功作品。

在知觉所具有的各种特性中，知觉的选择性对于设计来说，具有更为突出的意义。知觉过程从这个意义上说，也可以描述为从背景中分离出对象的过程。对象是受到集中注意的刺激物，背景是处于注意"边缘"的其余刺激物。譬如夜晚走在街上，路灯和路灯所照亮的事物即成为注意的焦点，而其他的事物则成为模糊的背景。在对象和背景之间，往往存在着明显的对比或反差。

知觉的这种选择性是设计中处理图底关系的基础。图是对象，底是背景。图是设计的重点，底是辅助性的构件。在包装设计、广告设计（如路牌广告设计）中，反映商品特点和个性的文字、图形等一般应作为"图"即对象来处理，而其他的说明性文字和装饰性色彩则应作为"底"即背景来处理，且二者之间在形式上应有明显的区别。这样的处理，目的在于突出设计主题，将最主要的信息准确地传达给接受者。

但另一方面也应该看到，对象与背景的分别并不是绝对的，二者可以相互转换，即对象可以转换为背景，背景也可以转换为对象。对象与背景的这种相互转换在设计中也具有重要的意义。在平面设计中，比如在标志设计中，设计师们即常常运用具有明显对比的反转图形来表达多重意义，或运用各种对比（包括色彩、线条、图形等的对比）的方法，给接受者的知觉提供多种选择，从而传达多种信息，使接受者形成一个更加完整的知觉印象。在一个简单的设计中，传达出最丰富的内涵。

（二）联想、想象与设计

设计过程总的来看，首先是一个认识过程，因为任何设计都必须解决某个或某些具体的问题，而且为了解决这些问题，设计者必须保持清醒的头脑，充分意识到各种限制条件（包括委托人和消费者的要求）。但是，设计几乎没有唯一的答案。即使是最完美的设计方案，也不过是无数可能答案中的一种。换句话说，所有的设计方案都只是一种可能的方案。或者说，面对同一个具体的问题，可以有无数可能的解决方案或设计方案。

为了在无数可能的设计方案中获得最完美的设计方案，突破某些惯例或传统的设计方法，并将设计构思用形象的方法或视觉形式（图画和模型等）表现出来，设计师还必须具备联想和想象的能力。同时，对于设计的接受者来说，联想和想象也可以加深对设计的理解和感受。

1.联想与设计

所谓联想，就是人们由当时感觉的事物回忆起有关的另一个或另一些事物的一种神经联系。依照反映事物之间关系的不同，联想一般可以分为接近联想、相似联想、对比联想、因果联想和推理联想等多种。

从认识论的意义上说，联想可以激活人的思维，加深对具体事物的认识。从设计创造的意义上说，联想是比喻、比拟、暗示等设计手法的基础。从设计接受、欣赏和评价的意义上说，能够引起丰富联想的设计，容易使接受者感到亲切，并形成好感。

在中国古代工艺美术理论中，有一种很著名的理论，或者说一种很重要的设计原则，叫做"观象制器"。《周易·系辞上》说"制器者，尚其象"，认为一切器具或器皿的创造，都是从卦象比拟而来的。南宋史学家郑樵在《通志》中将"象"的概念延伸到具体事物，认为古人制器"皆有所取象，故曰'制器尚象'。器之大者莫如垂，物之大者莫如山，故像山以制基，或为大器，而刻云雷之象焉。其次莫如尊，又其次莫如彝，最小莫如爵……按：兽之大者莫如牛象，其次莫如虎维，禽之大者则有鸡凤，小则有雀。故制爵像雀，制彝像鸡凤，差大则像虎维，制尊像牛，极大则像象。"

这种观象制器的设计方法可以称之为比象或比拟的方法，其心理学上的依据就是联想。英国学者贡布里希在《秩序感—装饰艺术的心理学研究》中曾提到近代西方设计界流行过一种设计方法，叫做比喻或"仿样"（mimicry）。仿样即模仿或模拟，即依据某种现实事物或已有的设计方法创造出新的设计。

这种从形态上模仿其他事物的设计方法，在现代设计中已不多见（但并非没有，如飞机的造型就是一例），但模仿（或比象、比拟、仿样）本身仍不失为一种有效的设计方法。只不过现代的模拟方法已不单单限于形态方面。除了形态模拟之外，还有物理模拟、功能模拟、智能模拟等多种方法。应当说，这些都是具有广阔前景的科学设计方法。

当然，设计中能够触发联想的刺激物也不限于形态，设计中所使用的色彩也同样可以引起丰富的联想。关于色彩所引起的各种联想，我们将在"色彩设计"一章中加以论述。

2. 想象与设计

想象是建立在知觉的基础上，通过对记忆表象进行加工改造以创造新形象的过程。完形心理学美学家阿恩海姆指出："所谓想象，就是为事物创造某种形象的活动。"从这个意义上说，一切新的设计都是想象的产物。

想象一般可以分为无目的无意想象（自由联想）和有目的有意想象。在有意想象中，又可根据其独立性、新颖性和创造性的不同，分为再造性想象和创造性想象。再造性想象的形成往往依赖于现成的事物、形象或语言的描述，主要表现于接受者的接受过程之中。从设计的角度而言，占据主导地位的是有意的、创造性的想象。

就想象所涉及的形象而言，想象可以涉及过去的、现在的或将来的事物，甚至可以是现实中根本不存在的事物，如科幻小说或动画片中的某些事物。想象在本质上是超现实的、自由的。尤其是在纯艺术创作领域，想象甚至可以超越一切现实的限制，包括时空的限制。就设计而言，想象作为思维的辅助目的仍在于解决某些现实问题，因此设计者的想象是有限度的。设计者的想象最终要付诸实现，就不能仅仅停留在构思或草图的阶段上。从这个意义说，设计者的想象比纯艺术家的想象更难。

但是想象又必须突破过去经验和惯常思维的限制，才可以说是创造性的想象。只是在过去已经存在的设计作品上做一些修修补补的工作，谈不上是真正的创造。因此，真正优秀的富有创造性的设计，总是给人以耳目一新甚至出乎意料的感受。

创造性想象的方法很多，主要的有以下三种。一是将相关的各种构成要素进行重组，突破原有的结构模式，创造出新的形象。在建筑设计、家具设计等立体设计中，根据新的需要或新的功能要求，对人们已经习惯了的空间分割或组合进行重新安排，即可形成新的设计形象。二是借助于拼贴、合成、移植等方法，将看似不柑干的事物结合起来，以形成新的形象。例如一家生产汽车轮胎的橡胶厂，为了推销其饰品，特意设计出一种礼品轮胎烟缸，将一个特制的轮胎套在瓷质烟缸上，构成一个完整的汽车轮胎造型。这一别出心裁的设计可谓一箭双雕：既推出了一种新颖别致的烟缸造型，同时又起到了很好的广告宣传效果，也可以说是一则具体、形象的实物广告设计。三是通过夸张、变形等方法，突出设计对象的某种性质、功能，或改变其既成的色彩和形态，以形成新的形象。夸张可以是整体的夸张，也可以是局部的夸张；变形可以是单纯的量的改变，也可以是或者说更主要的是质的改变。夸张和变形不仅可以创造出新颖的形象，而且可以创造出奇特、有趣的形象。

在设计过程中，所谓"创意"，根本上即是创造性想象的代名词。"创意"不单只是确立一个个抽象的设计主题，而更主要的是要构想出一个独特而具体的设计意象或形象。从这个意义上说，想象与联想在设计中的作用是有区别的，联想可以促进新形象的创造，但一般要受制于既存事物，而想象则要求尽可能突破一切限制。

（三）情绪、情感与设计

情绪和情感是客观对象与主体需要之间关系的一种反应。情绪是同有机体生理需要相联系的体验。例如，进食的满足会引起愉快的体验，而危险情境则导致恐惧的体验。情感是一种相对稳定的内心体验，主要同有机体的精神需要有关，并且受到社会存在的制约，如道德感、理智感和美感等。情绪与情感之间虽有区别，但并不能截然割裂开来。一般而言，情绪是情感的外在表现，而情感则是情绪的本质内容。例如，当一个事件激起人们的民族自豪感（情感）的时候，往往会伴有明显的外部情绪反应，或兴高采烈，或义愤填膺（情绪）。在日常语言当中，情绪与情感这两个概念往往互通使用。人的情绪或情感具有一个重要的性质，即两极性。一般而言，凡能符合主体需要或愿望的对象，会引起具有肯定性质或积极性质的体验；相反，凡不能满足主体需要或愿望的对象，则会引起具有否定性质或消极性质的体验。前者表现为喜悦、喜爱、愉快、满意等，后者则表现为悲哀、愤怒、恐惧、不满等。

艺术设计虽然受到理性、法则和社会公众需求的限制，而不能像纯艺术那样具有浓厚的个人情感表现色彩，但是，这也只是一种程度上的差别。设计师的工作目标不是要创造一些千篇一律的、毫无生气的或完全机能化的东西。设计师们虽然常常为了他人的要求而克制自我的表现，但是他的作品事实上自觉或不自觉地，而且毫无疑问地所要表现的，恰恰正是他自己，包括他自己的经验、个性、价值观念和个人偏见，也包括他自己的情感和爱好以及对设计语言（色彩、形态等）的理解和感受。可以说，一切优秀的、富有创意的设计，都是以设计师对外部世界及设计本身的情感体验为基础的。因此，不同的设计师，在其长期的设计过程中，会形成一整套个性化的设计语言，在色彩的选择和搭配方面，在形态和样式的创造方面，会表现出明显的个人特色。

另一方面，从设计接受者或社会公众的角度来看，所谓满足接受者或社会公众的要求和愿望，其中也即包括满足接受者或社会公众的情感要求和审美嗜好。设计中所使用的色彩和形态，本身即可激起接受者各种情绪和情感体验（这一点，我们在色彩设计和形态设计的有关章节中，将进行更为具体的论述）。这种情绪和情感体验，反过来又制约着设计师的设计。在一个完整的设计构思中，必须把接受者的情绪或情感要求纳入进来。例如，汽车的色彩设计，除了要考虑功能方面的要求和环境条件的限制之外，还必须考虑色彩对接受者和汽车购买者的情感刺激。黑色的、白色的或蓝色的车身，不是一个简单的区分标志，它们本身即可引起兴奋或抑郁、热烈或沉静、喜欢或不喜欢等不同的情绪或情感体验，引起不同的即积极的或否定的评价。有些关系到个人生活的设计，如商品包装设计、服装设计、家具设计和私人住宅的室内设计，其配色方案往往同个人的喜好有着更为直接的关系。有些非个人专有的饰品设计，例如公共交通工具的设计，其色彩虽然不由某个个人的喜好决定，但关系到社会群体的情感要求。有些城市为了在公交车上做广告，把整个车身漆成红色，或者把车身的色彩改换得面目全非，这虽然起到了某种实际的作用，但在情绪或情感上却未必能给接受者以好感。尤其是在炎热的夏天，这样的色彩更使人感到烦躁不安。

（四）需要与设计

设计最终要服务于人类的需要。或者说，需要是设计赖以存在和发展的、最深层的心理基础。不能符合人类需要的设计，无论多么复杂和精巧，都不可能是好的设计。

前苏联心理学家西蒙诺夫指出："需要是那样一种基础，在它之上建立着人的全部行为和全部心理活动，包括他的思维、情绪和意志。正是在需要的动力学中，在需要的复杂化、丰富化和变化中，最直接地表现了自我发展的趋势；正是需要的存在使得行为积极起来……承认需要在人的行为结构中的中心地位，就要求在同需要、同具体需要的特征及它们满足的可能性的关系中，来考察行为的任何其他因素，无论是行动、思维还是情感。"需要是人类行为的基础和动力，同时也是设计的基础和动力。一切设计都是因需要而发展起来的，同时新的设计又促进需要的增长，将人类的需要推向更高的层次。

需要反映了正常生活的某个或某些方面的匮乏，这种匮乏既可能是生理上的，也可能是心理上的。根据需要所涉及的对象即所需之物，一般可以把需要分为物质需要和精神需要两大类。物质需要的核心是维持生命存在的生理性需要，间接地也包括那些最终服务于生理性需要的其他需要，如对劳动工具的需要。精神需要的实质是维持和确立个体社会性存在的心理需要，相对地说同个体的肉体存在没有直接的关系。就物质需要与精神需要的关系而言，物质需要是精神需要的基础，并且先于精神需要而存在，精神需要是物质需要的提升和发展。但就个体而言，物质需要与精神需要是同时并存的，二者孰重孰轻，主要取决于个体的生存状况和社会的发展状况。同时，特定社会文化传统和特定个体的性格特点，也会影响到这两种需要的重要程度。

由于人类的需要不只一种，许多心理学家曾试图列举出人类需要的清单，并且试图找到需要增长的规律。美国人本主义心理学家马斯洛认为人类至少有五种基本需要，即生理、安全、爱、尊重和自我实现的需要。他认为这些基本需要是相互联系的，每一种需要构成一个层次，从第一种到第五种构成一个从低到高发展的序列，而且高一层次的需要如果要获得满足，首先应先满足低一层次的需要。当某种需要获得满足之后，更高一层次的需要将取而代之，成为人类行动的推动力。马斯洛所说的五种基本需要又可细分为多种需要，即食物、氧气、水、住所、异性等构成生理需要；保护、稳定、秩序等构成安全需要；感情、自信、归属等构成爱的需要；声誉、自尊、成就、自信、成功等构成尊重的需要；自我满足与充分发挥自己的潜能构成自我实现的需要。

从一般的心理学意义上说，马斯洛的这种理论是很有道理的。就设计的创造和接受而言，一件设计作品首先应考虑的是实用、安全等基础性的需要，人们购买日常生活用品或选择居住环境，首先考虑的也是这些方面的需要。当这些需要获得满足之后，人们会有更高的需要，包括爱的需要、尊重的需要和自我实现的需要。随着社会的发展，高层次的精神需要将变得越来越重要。在设计中充分考虑这种需要，实质上也就是确立人在设计中的主体地位。单纯考虑功能要求或实用、安全需要的设计，无法使人的本质得到全面的体现，它所展示的只是一个片面发展甚至畸形发展的人的形象。从全面发展的人类理想的意义上说，这样的设计与真正的人性是分离的，甚至背离的。在这样的设计中，物与人的关系未能达到真正的统一和融合。物只是一种手段，而不是人的本质的体现。相反，那种同时考虑人的各种精神需要的设计就不一样，在这样的设计中，物与人是统一在一起的，物即是人的本质的体现。

上述关于需要的分析只是就一般的意义上而言的。从设计的角度说，需要的划分还涉及主体的性质和设计的目的。在市场经济条件下，市场划分的依据之一是主体间的区别。换句话说，不是抽象的人而是具体的人构成了不同的消费群体或需求群体。而具体的人是以特定的性别、年龄和职业等社会角色出现的。因此，每一个人除了表现出物质和精神的一般需要之外，还表现出特定性别、年龄和职业等的特殊需要。在市场经济条件下，设计所要针对的不是一般化的物质需要和精神需要，而更主要的是不同人群和个体的需要。严格地说，不同人群和个体的物质需要和精神需要实质上是不一样的。以服装设计为例，男性与女性的服装，儿童与老年的服装，不同职业人员的服装，在设计上应有明显的差别。从需要的角度说，有的人注重的是廉价、实用，有的人注重的是身份、地位感觉，有的人注重的是潇洒、浪漫等审美方面的感觉。此外，设计也不能抽象地看待，不同的设计所针对的需要也有区别。普通的消费品可能偏重于单纯的物质需要，而耐久性消费品或礼品、装饰品等不关涉直接生存目的的饰品设计，则可能会有更高的精神需要。

三、艺术设计的社会心理学分析

人类个体的心理是在个体与外界以及个体与个体的相互作用中形成和发展起来的。由于个体都生活在特定的社会、组织或群体之中，因此，个体心理的发生过程不可能是完全孤立的，它必定带有某种普遍的社会性质。

从设计的角度说，设计是一项系统的社会工程，也可以说是设计师与社会大众之间的一种交流和对话。设计所针对的主要不是个体，甚至也不是少数人，而是社会大众。设计师将各种功能要求综合体现为经济、合理、有效和美的造型，最终的目的在于满足广大人民的物质生活和精神生活需要，提高社会大众的生活质量。设计在本质上是一种具有社会意义的造型活动，而不可能是一种纯粹的自我表现。在现代社会条件下，规模化和标准化的批量生产，从根本上改变了设计的性质和评价尺度。在设计之前所必须进行的各种调研活动中，社会大众的心理状况是其最重要的调研内容之一。同时，这种普遍的心理状况，也是某一项设计能否被社会大众所接受的先决条件之一，或者说，是对某一项设计进行质量评估和审美评价的重要标准之一。

（一）群体心理与设计

社会心理的具体体现或主要表现形式是群体心理。群体是按血缘、地域、性别、年龄、职业、地位、受教育程度等不同标准区分开来的人群或人群的组织。而所谓群体心理，即是个体需要、动机、情感、态度、观念等的共同性和一致性在群体中的反映。

群体不是个体的简单相加，群体心理也不是个体心理的简单相加。群体心理赖以存在的基础不是个体的生理状况，而是某种共同的社会特征。群体心理的形成主要依赖于模仿、感染和遵从三种心理机制，与个体心理的形成也是不一样的。模仿是群体中个体之间在行为上的相互仿效，感染是感情或行为从群体中一个个体蔓延到另一个个体。前者是有意识的，后者是无意识的。而所谓遵从，则是个体对群体或他人的依赖，以寻求其一致性的心理倾向。由这种倾向所导致的行为，心理学上称之为遵从行为或从众行为。

从构成内容上说，群体心理也像个体心理一样，包含着知（认知）、情（情感）、意（意志）三个方面的心理要素。其中，对设计具有决定性意义的是群体的需求、动机、情感、态度和观念。

不同的群体具有不同的心理特征，这种心理特征是艺术设计的重要制约因素之一。在市场经济条件下，这种心理特征也是市场细分（市场分割）的标准之一（例如根据不同年龄群体的特点，可将商品市场细分为儿童商品市场、青年商品市场、中老年商品市场等）。同时，在饰品生产方面，这种不同的心理特征也是新饰品设计和开发的重要依据之一。

从设计与群体心理的关系而言，首先是群体心理决定了设计的主题和样式（包括形态和色彩）。以服装设计为例，不同性别和年龄的人对服装的选料、色彩和款式都会有不同的要求。一般来说，男性更偏重于服装的实用功能和身份、地位感觉，女性则更偏重于服装的形式美感。因此，男性服装的设计并不需要有太多花样，而女性服装的设计则需要有色彩、款式和修饰方面的多种变化。从年龄角度看，儿童、青年和中老年的心理特征也有明显差异。儿童没有独立的自我意识和明显的性别意识，也没有社会地位和身份等方面的感觉，但儿童对周围的事物有着充分的好奇和敏感，具有活泼好动的性格，因此儿童服装的设计可以不考虑其个性，甚至也可以不考虑其性别差异（至少，这不是设计的重点），但必须考虑如何运用单纯而富有变化的色彩和图案，展现出儿童特有的性格。青年与儿童的差别在于，青年已经具有独立的自我意识和明显的性别意识，甚至也已经有了对事业成功的追求，具有明确的地位和角色意识。因此，自我表现的欲求、两性间的差异及对异性的需要、对新事物的敏感及对时髦和流行的遵从等等，将成为青年服装设计的基本主题。相比之下，中老年的生活和性格较少浪漫色彩，讲求现实、偏重理智、相信经验和传统、顾及地位和身份，这些在其心理上占据主导地位。因此，中老年的服装设计尽管不必拘泥于陈旧、保守的样式，但其色彩和款式的基本倾向仍在于以稳重、大方见长。

其次，设计作为一种创造活动，也不仅仅只是被动地依赖于群体心理。设计本身也可以改变群体心理。社会心理学和消费心理学的研究表明，可以采用五种方法使群体心理（包括其情感、态度和观念等）发生改变，即：

（1）改变某些基本动机的重要性，即通过突出新的、潜在的需要，来唤起或提醒人们忽视了的功用。在饰品设计中，最简单的办法是增加饰品的功能或增加饰品的文化、审美含量，使人们从对饰品的单一需要变成多种需要，或从简单的物质需要和生理需要上升到更高一级的精神、文化需要。

（2）把饰品与一个特殊的群体或事件相联系，以唤起联想，从而改变人们对饰品的态度。例如将某种新的饰品设计同社会名流或明星联系起来，即可有效地推进该设计的社会化进程，从而赢得广泛的支持和认同。

（3）改变人们的消费观念和消费习惯，鼓励新的尝试。

（4）改变消费者的行为模式和购买决策方式，向市场提供多种选择，使设计样式尽可能多样化。

（5）通过宣传和新的销售促进方式，突出新饰品设计的优势。随着社会发展速度的加快及信息化时代的到来，设计本身已日益成为推动社会经济发展及世道人心变化的重要手段。因此,可以说,设计与群体心理的关系实质上是一种相互促进的互动关系。

(二)时髦、流行与设计

群体心理的趋同发展到一定的程度和范围,将会形成某种时髦或时尚,从而使某种或某些设计成为流行的式样。日本广告学家川胜久认为,流行是"以某种目的开始的社会行为,使社会集团的一部分在一定期间中能够一起行动的心理强制"。

流行是一种普遍的社会现象,包括物质的流行(如日常生活用品)、行动的流行(如健身、旅游)、语言和思想的流行(如口头用语、畅销书籍)等。在物质的流行中,最引人注目的不是某些物品本身,而是这些物品的外观和式样,或者说,是这些物品的"设计",如时装和发型的设计,各类消费品的外观(形态、色彩)和包装设计等。

时髦或流行有一定的规律性,遵守新奇原则和遵从原则,并呈周期性。时髦或流行可以经过统计分析加以预测,如流行色的预测。国际流行色协会和一些有影响的杂志如《巴黎纺织之声》定期向设计界和社会预报流行色谱,这种预报的基本依据即是流行的规律性。

时髦或流行的规律性主要表现在三个方面,即:

(1)成为时髦或流行的事物大多同个人的日常生活有关,并拥有广泛的需求基础;

(2)时髦或流行的出现与社会文明程度成正比,社会物质生活水平和文化发展水平越高,时髦或流行的变化越快,其类型和表现方式也越多;

(3)时髦或流行具有明显的寿命(持续时间)和再度出现的周期性。从设计方面讲,这种周期性表现于形态、色彩和风格方面尤为明显。

第六章　室内形态设计

形态是设计师设计思想的具体体现，同时也是设计作品所具有的实用功能和审美价值的具体体现。不仅一切创意、设计观念要最终落实到形态上，而且设计品潜在的功能和价值也只有通过形态才能为人们所知觉和意识。因此，形态设计在艺术设计中占有举足轻重的地位。

第一节　形态的含义与分类

一、形态的含义

形态直接诉诸人的知觉。对于形态的内涵，我们可以从两个角度理解。

首先，从形态的横向构成而言，形态是"形"与"态"的组合。

"形"指形状，它是由事物的边界线即轮廓所围合成的呈现形式，包括外轮廓和内轮廓。外轮廓主要是视觉可以把握的事物外部边界线，而内轮廓指事物内部结构的边界线。形状的重要特性在于它涉及的是物体除去空间位置和方向等性质以外的外部形象。形状与物体处于什么地方（即处于二维还是三维空间中）无关；也与对象的方向（即正立还是倒置）没有直接关系。而"态"，恰好是事物的内在发展方式，它与物体在空间中占有的地位有着密切的关系。譬如流线型这种形态，由弯曲程度微弱的曲线闭合成的轮廓是其形，而流线型体现出的运动感是其态。这种运动感的产生与流线型在空间中所处的深度知觉相关，二者相结合，构成流线型的形态。因此，可以说形态中的"形"主要指事物静止的一面，"态"则更侧重事物运动的一面。

其次，从形态的纵向层次来看，任何一个形态都是由材料层、形式层和意蕴层三个层次构成的。

材料层是设计品的物质基础。一切设计品都必须由一定材料完成，在工业设计中，可以说材料的物理属性制约着饰品形态的功能及审美属性。如以大理石材料制作的家具较之木质家具更坚固，给人的心理感受更稳重，同时也显得有些冷漠。设计品的特殊性也决定了材料对于形态的表现力具有重大意义。形态的材料首先通过视觉和触觉进入我们的意识领域。一件设计品不仅仅是用来观赏的，它最终要进入我们的生活领域，供人操作，因此触觉占据相当大的比例。与触觉相关的材料就成为表达技术品功能的审美价值的重要媒介。如果为了表达一种柔和的美感，就应选择形状表面易于塑造、线条平滑、柔软的材料；相反，为了表达坚韧、耐用的感觉，就要选择硬度较高、不易破碎和具有凝重、坚实特性的质材。

形式层是针对意蕴层而言的，专指形态的外部呈现形式，也就是我们的视觉和触觉接触到的物象。它包括外形式和内形式。外形式是饰品的外结构，由于它不直接受功能限制，因此有自己较大的独立性和审美价值。内形式则由饰品的内结构组成，更多地服从于饰品的效用功能，在相当程度上决定了饰品效用功能的发挥。

意蕴层深藏于形态内部，是整个形态的核心层。它是在长期的社会文化发展进程中积淀的具有稳定性的意义。任何一个形态都不是毫无意义的，而是包含有丰富的内容的"有意味的形式"。

正如鲁道夫·阿恩海姆所说："没有一个知觉样式是只为它自身而存在的某种东西……所有的形状都应该是有内容的形式。"

这个内容就是形态的意蕴，它包含有某些确定的意义和特殊的观念。形态的设计以承认意蕴是形态的固有元素为基本前提，否则一切关于形态样式的探索都将成为无意义的行为。在东西方，形态作为一种"符号"的例子不胜枚举。在中国传统工艺美术中，很多形态成为某些特定文化观念、情感的载体，有的甚至代替形象本身，直接以意蕴的面目出现。如月亮的形态经常与愁思联系在一起；中国工艺品上常见的寿字纹、云纹等都是从自然形态中高度提炼、重新组合的新形态，蕴涵着幸福安康、福寿绵延的美好祈愿。

作为艺术设计中出现的形态，其意蕴层与形式层是水乳交融地融为一体的。当我们一眼接触到某个形态的可视形象时，它的形式和意蕴同时进入意识领域，因此意蕴的表达"不是靠概念，而是靠直观；不是以思想为媒介，而以感性形式为媒介"。

二、形态的分类

形态的分类可以从多种角度进行：

首先，按照形态与人类知觉关系的紧密程度划分，可分为现实形态、理念形态和纯粹形态。

现实形态是直接作用于人们视觉和触觉的实际存在的形态。它是现实世界中占有一定空间的实体，如客观存在的各种自然物。理念形态则是在现实形态的基础上抽象提炼出的形态。它只存在于人类的经验和思维中，不能被人感知，也不具有实在性。如几何学中的点、线、面，即是典型的理念形态作为只有位置而没有大小与形状的理念形态，是人类抽象思维发展的必然产物，反映了人类理性水平的进步。

为了使只存在于头脑中无法感知的理念形态获得视觉的可感性，可以借助一定符号系统将之表现出来，这就是纯粹形态。纯粹形态是理念形态的粗略体现，它只是近似理念形态的，不能完全表达理念形态的内涵，如出现在白纸上的点只能大致表达点的位置定向，点的大小和形状则是对理念形态的限制。不过，我们也要看到正是因为纯粹形态有它的自由性，给予形态设计很大的宽泛度，譬如点的视觉化，既可以指一个墨迹形成的点，也可以指大草原中的牛羊。这样，形态设计中采用的点就有了相当的自由度。

其次，按照形态的空间存在形式不同，可分为平面形态和立体形态。

平面形态是在二维空间中作平面延伸的形态，立体形态则是在三维空间甚至四维空间中作纵深发展的形态。由于时间感是形态的一个重要心理效应，因此艺术设计中还存在四维的立体形态。

再次，按照形态的来源，可分为自然形态和人为形态。

那些不为人类意志所转移的自然界中的客观存在物，如天体、动植物及人自身都是自然形态。而经过人类的改造和加工，成为人类意识产物的再生形态则是人为形态。

人为形态是形态设计的主体，它是丰富的人类历史文化积淀的载体，是以自然为基础并高于自然的"第二自然"。在人为形态中，根据形态与自然的关系密切程度，又可分为模仿的自然形态、概括的自然形态和抽象形态。模仿的自然形态是直接以自然形态为原型进行模拟、仿制的形态。对自然形态进行提炼，抽取其基本要素加以重新组合，使之成为自然形态的隐喻或象征，这就成为概括的自然形态。概括的自然形态具有中国绘画中写意的特征。抽象形态是在前二者基础上再创造的形态，它不直接反映自然形态，但却深入到自然形态的本质和规律。它不具有象形的外在形式，而更多地呈现为偶然、随机的自由形。它的内在意蕴因没有外形的固定限制而更丰富、宽泛。现代设计中的形态主要由抽象形态构成。

值得一提的是，在抽象形态占据了今天形态设计主体的同时，作为直接模拟自然物形成的"仿生"形态也日益受到人们青睐。这是人们与自然长期疏远与隔离后重新渴望亲近自然的心理反映。耐斯特认为："我们今天正从物理学的模拟和隐喻转向生物学的模拟和隐喻。"1968年，法国设计师穆尔格利用抽象的人体外形设计出人形椅。仿动物的设计中，有法国穆尔格的类似爬虫的躺椅，英国雷斯的羚羊椅，丹麦雅布申的天鹅椅、蚁形椅，日本柳案理的蝶形椅等。许多生物学的词汇如"循环"、"共生"、"生长"、"演化"等也不断渗入到各种形态设计语言中。

最后，根据饰品整体形态构成的方式来划分，有构筑型和塑造型两种形态。

构筑型是指在三维空间里展开其构成部分的形态，一般是抽象形态。它往往由不同材料的基本部件在三维空间内，按垂直方向叠加或水平方向展开而形成。构筑型形态依照严格的力学逻辑，因此具有理性化、科学化的形态美感。

塑造型形态通过制胚、烘结、铸造、注塑等成型方式，形成较为整体的形态。由于其成型是通过模具塑造所得，故称为塑造型。它常常模仿有机体丰满圆润的形体特征，更具有趣味和生命意味。具有较大体积的机电设备、建筑物、桥梁、机床等，它们的形态多属于构筑型，而交通工具必须符合空气动力学的低阻流要求，一般是塑造型形态。

第二节　形态的要素及审美属性

形态的基本要素为点、线、面、体。

一、点——最简洁的形态
点是可见的最小形式单元。在集合学上，点被界定为没有长、宽、厚度而只有位置的几何图形，譬如说线段的两段或者两条直线的相交处。但是既没有面积又占有位置且有可视性在逻辑上是说不通的。实际上现代设计当中的点，作为视觉表现的一种成分，不但占有一定的尽管是微小的面积，而且可以是有形状的。现代西方对造型艺术中的点、线、面进行独特而系统的美学研究的第一人是包豪斯教育家康定斯基，他的《点、线、面》不但是平面构成的经典教材，而且无疑可称为形式美学的一部名著。康定斯基真正关注的是造型艺术中的点，他肯定地说："从内在性的角度来看，点是最简洁的形态。"从时间角度来说，点也是这种形态。康定斯基的论述是一种贴近视觉艺术的理性分析，具有不少启迪意义。我们看到，作为最简洁的形态的点也总是传达着什么，点的表现力是与它的从属性以及它的有限面积和无限外形相联系的，点的本质是一种体现动态张力的静止图形。实际上，点在设计中可以起某种稳定图式、造型的作用，譬如说充当造型的中心或重心。

人们通常在现代设计作品中感到某些点的运动，其实并不是由于点本身具有运动性。一般说来，点的动感主要源自两方面：一是点的集群关系，二是点与背景的图一底关系。当一群点水平或垂直均匀排列成行时，我们感到了这些点的定向匀速运动。当这种直线排列不是均匀的而是或密或疏的，我们就感到了它们有渐变性的运动变化。这些点的列阵也许是波动的、放射形的或者聚合形的等等，引起的动感也很不一样。而点往往是在占有更大面积的背景或"底"上出现的微小痕迹或图形，这些背景的形式组合当然是无限多样的，其中的一些组合本身带有某种运动感，可能带动其上面的稳定性不强的点（例如位于次要位置的点）显示出动感。意大利设计师斯塔克1994年设计的一种荧光灯泡吊灯，在单色的圆锥体塑料灯罩上安排了一圈六个同色的透光小尖锥，形同一些灯泡，这些"点"仿佛在绕着圈跳跃。

在现代设计中，点的稳定感或运动感常常与它的符号意义联系在一起。点自然可以只是装饰性的成分，就像它在某些抽象图案的花布设计或包装设计中的情况那样，但是在更多的情况下，它代表着某种实在的东西，比方说一个圆点代表太阳或者眼珠，一个小方点代表窗子或者油画笔头等等。这些具体意义使得点有了灵魂，变得可亲可近、生气勃勃。这时它成为唤起联想的象征符号，它的静态或者动态表现受制约于这种联想。这样，我们可以说联想是点的动感的第三个来源。譬如说，一只飞鸟图式的标志设计或者一条游鱼图式的标志设计，代表动物眼珠的小圆点是具有运动感的，当然，这里其实也涉及点与背景的关系。

尽管点是最简洁的形态，它其实在不同的设计中有着很不相同的面积和外在形态的轮廓，这是设计中点的变动幅度相当大的相对性。例如：一座建筑物的立面上的窗户可以被看作是一些点；大厦上的企业标志也可以视为点，尽管它实际上也许有一个房间那么大的面积；晚礼服上的胸饰是点，手袋上的坠饰也是点；天花板上的圆形吊灯可能是点，光洁墙面上的一幅小型方框装饰画也可能是点。当我们将它们看作点的时候，是从一种形式美的角度来考虑它们的适应性、从属性和静止性或所谓运动性的。同时，显而易见的是，点不仅出现在平面空间中，而且也存在于三维立体造型上。工业饰品造型上的各种按钮、开关，室内设计中的灯具或者某些陈设、装饰甚至园林设计中的一座小亭、几座假山石，都适合于从三维空间中的点的角度来考虑其合理安排和审美处理问题。

二、表现运动的线

纵观世界艺术的历史发展，从西班牙阿尔塔米拉洞窟壁画中的野牛到野兽派绘画中的轮廓，从中国敦煌壁画中的飞天到工笔白描中的勾勒，线条一直处于十分重要的地位，且在长期的演化过程中愈来愈富有含蓄性、表现性、象征性与抽象性。线条形状各异，功能有别。例如，柔丽的女体与精美的花瓶可用曲线来勾描，飞泻的瀑布与辽远空阔的地平面可用直线来表现，奔流的江海与起伏的山峦可用波状线来象征，飘动的云彩与巨大的树冠可用蛇形线来暗示。可见，线条的审美意味与艺术功用是丰富多样的。故此，若将线条称为人类高级精神文明的一种积淀是再合适不过了。

众所周知，线条是中国艺术的灵魂。无论彩陶、绘画、书法、雕刻等均以线条之美著称。实际上，在中国画论中，"画"与"绘"是有一定区别的。王昭禹曾言："画绘之事不过五色而已。模成物体而各有分画，则谓之画。分布五色而会聚之，则谓之绘。"

简言之，"画"指勾线，"绘"指着色。中国绘画十分讲究以笔达意，以形写神。而线条作为一种表现媒介，与笔、意、形、神紧密相连。对于中国画家来说，笔下线条的曲折波动，盘绕往复，跳跃交错，疏荡聚散，与画家刹那间的心态意趣默契相通。正如伍老所说："对国画来讲，线条乃画家凭以抽取、概括自然形象，融入情思意境，从而创造艺术美的基本手段。国画的线条一方面是媒介，另一方面又是艺术形象的主要组成部分，使思想感情和线条属性与运用双方契合，凝成了画家（特别是文人画）的艺术风格。"

几何学意义的线是指一个点任意移动所构成的图形，只有长度而没有宽度和厚度。作为现代设计视觉表现成分的线的情况要复杂得多，它们大多是占有一定的宽度和厚度的。

线的本质是运动或者说表现运动。康定斯基这样来比较点与线的不同本质："点是——静止。线——产生于运动，表示内在活动的紧张。"英国视觉艺术理论家赫伯特·里德认为表现运动是"线条的潜力"。他说："表现运动，显然不只是描绘运动中的物象（使线条适合眼睛的选择性观察）。从美学角度看，线条还应表现运动本身的自动—即一种跃然纸上，不带模仿目的的欢乐之情。"在里德看来，线条的这种在一定意义上自满自足的表现性，不但与运动相联系，而且与主题有关，因为"线条是有选择性的，是非常含蓄的"，它"常常是表现主题的一种简括而抽象的工具"。从形形色色的设计作品中，从高耸入云的摩天大楼、四通八达的高速公路到仿古园林的小桥流水，从绚丽耀眼的霓虹灯广告到小巧精致的商标图案，尤其是诸如服装表演模特儿、个人形象设计之类的动态设计中，我们无不可以感受到优美的动感的线条或者说线条的巧妙的运动。

当然，对于各种各样的线条来说，它们的性格特征是有区别的，它们的运动性有着不同的表现形态。通常人们说水平线给人以宁静、沉稳、松弛的感觉，但是这样的直线与垂直线一样，并非没有运动，它同样产生于点的移动和表示着内在活动的张力，同样具有运动的方向性—向左、右两面延伸的趋势，对垂直线来说则是向上、下两个方向延伸的趋势。一般地，直线尤其是垂直线体现出健拔刚劲的男性性格，而曲线则体现出柔和优雅的女性性格。然而直线又有不同的倾斜，曲线更有不同方向变换和不同长度单元的多样形态。于是，线条的复杂性格便更为常见了。

在西方美学史上，英国画家和美学家荷加斯（William H6garth）是最早对各种各样线条的特征进行系统比较分析的一个著名代表。他说："应当指出，一切直线只是在长度上有所不同，因而最少装饰性。曲线，由于互相之间在曲度和长度上都可不同，因此而具有装饰性。直线与曲线结合形成复杂的线条，比单纯的曲线更多样，因此也更有装饰性。波状线，作为美的线条，变化更多，它由两种对立的曲线组成，因此更美，更舒服。……最后，蛇形线，灵活生动，同时朝着不同的方向旋绕，能使眼睛得到满足，引导眼睛追逐其无限的多样性"，因而"蛇形线赋予美以最大的魅力"。

这段两百多年前所作的论述含有不少合理成分，德卢西奥-迈耶认为"读来犹如出自一本现代的教科书"。荷加斯是18世纪著作家当中唯一研究装饰艺术门类的人，他的分析对我们在设计中更好地运用线条是有参考价值的。不过荷加斯的纯形式美研究并没有给他的结论提供理由，而他的结论也显得有点简单化。

德卢西奥-迈耶也对各种线条作过分析，他的研究结合现实生活中的例子和设计的例子来进行。譬如说他指出"使用斜线往往是为了寻求视觉上的刺激和振动"，因为建筑和风景画中大多数造型因素基本上都是垂直方向和水平方向的，而艺术的斜线所能产生的视觉感受"也正与登山、越过起伏的山丘，或音乐中的渐强和渐弱那些非视觉活动一样"，斜线的动势还可以联系到舞蹈者的跳跃或行走者的步态的举腿这一斜线活动，"斜线用作设计因素时，其动势和节奏肯定是较为有力的"。

按照他的说法，"曲线能表现活力和动势，例如海浪、行云、陡峭山岳的庄严轮廓，花朵、植物和树木枝叶的生长形式，任何一种跑动的动物，如一匹马或一只虎，以及喷气式飞机的流线形式"。德卢西奥-迈耶的剖析直接地把我们拉近现代设计的形式处理。

实际上，不同倾斜度的斜线的动势相距甚远。各种曲线，例如抛物线、弧形线、双曲线、规则的波形线、螺旋形线，平缓的曲线，变化突兀的曲线，呈现出相当不同的动态。在现代设计中，线常常还有粗细、浓淡、长短、虚实等等的不同，以及与色彩的不同形式、不同程度的结合。不同线条的千变万化都被组合进统一的主题建构中。

美国企业形象设计先驱人物比尔为美国国际纸业公司设计了一个以生动简洁的线条组合而成的识别标志。这家创办于1898年的大型企业的标志图案先后经过四次大的修正演变，有过五个代表标志。最早的图案是以松树（造纸原料）为母题的繁复的写实性摹拟具体形象，这之后一个比一个简化，而松树母题始终保持着。后来比尔拿出了一个新方案即第五个标志。它由一个圆环和圆环中IP 两个字母组成的松树抽象图形构成，这一树形又显现为一个象征发展战略的向上的箭头，字母组合与抽象图形之间形成一种交互作用、双向渗透的关系，而圆形和树冠的正置等边三角形一起象征着团结与和谐。比尔的设计作为成功的范例载人了西方现代设计史。

纽约派设计师兰德年为《方向》杂志设计的封面巧妙地运用了线以及点的组合。线是带刺的铁丝，点是圣诞礼物包装纸上的装饰。这件战争期间的封面颇具时代特色。带刺的铁丝代替传统的缎带来包扎圣诞礼物，这样的艺术处理是对将世界投入灾难的战争的控诉。在特定画面中的那些散落的小圆点，仿佛想逃离铁丝网捆绑的空间而又万般无奈，带上了某种挣扎般的动感。

伦敦工业设计联合会彼得·布兰菲尔德为《当代加拿大版画展》设计的巡展招贴画，用圆心位于一条水平线上的从小到大的三组偏心圆，构成了一个虚幻的复杂的深度空间。1977年全波兰和平委员会会徽是一个成功的寓意线条造型，它是一只和平鸽口喻橄榄枝与一只手握笔（代表反对侵略战争的和平签名运动）的双重图像的合一，会徽基本上采用了柔和、流畅的曲线，笔杆或者说枝条是直线，一个精巧的小圆点代表凝视签名的鸽眼。"国际风格"的建筑往往充分突出水平线和垂直线，美国建筑师洛希（Kevin Roche）设计的美国纽约福特基金会总部大楼也具有这种特点，而诸如纽约的古根海姆博物馆、德黑兰的伊朗公主"珍珠宫"和中国传统风格的现代园林建筑这样的建筑设计，强调的是圆和曲线。法国时装大师迪奥尔热衷于线条造型的创意设计，他的成名作1947年问世的"新样式"就是一反战时生硬军装式样的"8字型"柔美造型，这之后，从他的手里流出了Z字曲折线型、垂直线型、斜线型、长线型、H型、A型、Y型等一个个风靡一时的新样式。

三、面

　　一件家具的外表有着起伏不平、面积不一的各个面，它们结合在一起构成家具的体积，使之成为占有三维空间的客观实在；它们又充作家具上那些点和线，例如把手、匙孔、装饰线等的底子或"地"，使点和线显示出各自的形式特征和表现性；与此同时，这些产生不同视觉感受的面的本身，有着无可替代的形式美。与这个例子所讲的情况相类似，在几乎所有平面或立体的设计饰品中，面的审美造型作用都十分明显。

　　在几何学的意义上，面指的是由线的移动所产生的有长度、宽度而无厚度的形迹。它大致包括平面和曲面两类。在设计作品中，前者指不同形状的平面，例如正方形、长方形、梯形、菱形、三角形、圆形、椭圆形等规则平面和不规则平面；后者指球面、圆柱面等几何曲面和自由曲面。如果移动的是有限长度线即线段，所形成的面就是有限的实在的形，它不同于由线围成的虽有面积但中间虚空的线形，它具有充实性和稳定性。而线形则介于线与面之间，或者基本上可以归于线，正如我们在上一小节所分析的那样。

　　设计饰品中的面大多是有限范围的面，独立于周围的空间，而且大多有着一定的厚度，例如设计师可以将家具的面板、服装的织物面、展览会的展板、灯箱广告的盖板当作面来加以考虑，尽管它们有着不同的有限厚度，而且这些厚度在造型中或许起作用（如面板、面料的厚度），或许不起作用（如玻璃的厚度）。

　　美国建筑师赖特在他不少设计中也显示出自己在面的有机结合方面的突出才能。例如在威斯康星州斯普林格林他的住宅东西塔里辛中，无论是其外部还是室内，那些巧妙的、有些地方是复杂的立面、斜面、大小面的结合都给人留下深刻的印象。另一位美国建筑师迈耶也喜欢在住宅设计中强调面的结合和交错，譬如说以有着天然纹理的木地板与白色墙面相连接，或者干脆将一片木地板延伸出玻璃隔墙外形成一个别致的室外平台等等。他的这种美学追求集中体现在他1973年设计的密歇根州斯普林斯港俯瞰密歇根湖的道格拉斯住宅上，在这件获奖作品中迈耶创造性地、多样化地运用了面的组合。在该住宅的室内设计中他也将面作为首选造型因素。譬如说在小客厅设计中，赫色的地板，白色的方形茶几，黑色的方形皮坐凳，棕色的方形组合沙发和白色的长方形立柜，构成几何形抽象的面的交响。

在实际的设计活动和设计饰品中，面和点、线都是相对的，而且面几乎总是与点、线结合在一起被考虑和发挥作用。有限的面的边缘是线，面与面的交接处是线，面的平视也生成线。一个较小面积的面相对于较大面积的面来说可以看作是点。布满网格线条的天棚是面，网格交点上的方灯是点，而对于方灯来说，它又有自己的表面和装饰线条。墙面上的壁灯、通风孔、电源插座是一个个点，而它们本身又可能是点、线、面的结合体。一座大厦的众多窗户像是众多排列有序的点，而又有哪扇窗户没有线条的组合呢？一座凌空飞架的大桥呈现出美的线条，桥体是面的结合，桥上的路灯是一个个点。一个街头广告牌是一个造型平面，不同色彩、形状的点、线和较小面积的面在它上面被组织、融合。

点、线、面的关系多种多样。衬托、对比、联合、分离、接触、叠加、透显、覆盖、倍增、减损、放射、聚敛、渐变、突变、过渡、转换等等，都是我们在设计饰品中可以发现的。点、线、面的组合变化形式引起不同感觉的力场，具有或平稳或跃动或柔和或劲健或轻松或紧张的性格特征。

慕尼黑奥林匹克运动会比赛项目的象征标志是点、线、面结合的一个典型例子。设计师沃特·阿侬夏按照水平、垂直和45度斜方向的网格来制作这些几何化的人物动态图像：头用一个圆点表示，手臂和腿用较粗的曲折短线表示，而更粗短的身躯看上去就像一个面。这些动态图像在白色或浅色的衬底上显得格外醒目。这种样式的标志现在变得相当普遍。美国建筑师小沙里宁（EemS班对～）1950年设计的美国密歇根州沃伦通用汽车公司技术中心的外观，以明显的、规则的线、面结合为特征。巴黎蓬皮杜艺术文化中心建筑首先映入人们眼帘的是那些错综复杂的裸露的电梯、管道和支架，整个结构骨架线条成为其形式的主角，墙体的面隐在其后面，而由门窗充当的点也隐约可见。

四、体

体是面移动的轨迹，因此体的审美属性与面的审美属性关系密切。如正方体具有与正方形类似的基本审美属性，而锥体与三角形给人的美感也很相近。

形态设计是一项相当复杂且富有创造性的工程，由于文化的差异，形态呈现出时代性、流行性和民族性的特色，因此本章节分析的形态审美属性只是一个起点和工具。随着人类文化的不断发展，人类与自然关系的不断改善，形态的审美属性也将不断丰富。因此，真正要设计出富有个性、艺术魅力的形态，不但要深入挖掘基本形态的深层内涵，而且要善于对形态各要素重新组合、加工，将不同的形态纳入一个和谐的整体，如点和面的组合，线和体的组合，点线面的综合运用等。

五、形——空间形态和造型艺术的结合

形是营造主题的一个重要方面，主要通过饰品的尺度、形状、比例及层次关系对心理体验的影响，让用户产生拥有感、成就感、亲切感，同时还应营造必要的环境氛围使人产生夸张、含蓄、趣味、愉悦、轻松、神秘等不同的心理情绪。例如，对称或矩形能显示空间严谨，有利于营造庄严、宁静、典雅、明快的气氛；圆和椭圆形能显示包容，有利于营造完满、活泼的气氛；用自由曲线创造动态造型，有利于营造热烈、自由、亲切的气氛。

特别是自由曲线对人更有吸引力，它的自由度强，更自然、也更具生活气息，创造出的空间富有节奏、韵律和美感。流畅的曲线既柔中带刚，又能做到有放有收、有张有弛，完全可以满足现代设计所追求的简洁和韵律感。曲线造型所产生的活泼效果使人更容易感受到生命的力量，激发观赏者产生共鸣。利用残缺、变异等造型手段便于营造时代、前卫的主题。残缺属于不完整的美，残缺形态组合会产生神奇的效果，给人以极大的视觉冲击力和前卫艺术感。造型艺术能够表现引人投入的空间情态，如体量的变化、材质的变化、色彩的变化、形态的夸张或关联等，都能引起人们的注意。饰品只有借助其所有外部形态特征，才能成为人们的使用对象和认知对象，发挥自身的功能。

通过饰品形态体现一定的指示性特征，暗示人们该饰品的使用方式、操作方式。通过造型形态相似性如裁纸刀的进退刀按钮设计为大拇指的负形并设计有凸筋，不仅便于刀片的进退操作暗示它的使用方式，许多水果刀或切菜刀也设计为负形以指示手握的位置。通过造型的因果联系如旋钮的造型采用周边侧面凹凸纹槽的多少、粗细这种视觉形态，以传达出旋钮是精细的微调还是大旋量的粗调；容器利用开口的大小来暗示所盛放东西的贵重与否、用量多少和保存时间长度等。

通过饰品形态特征还能表现出饰品的象征性，主要体现在饰品本身的档次、性质和趣味性等方面。通过形态语言体现出饰品的技术特征、饰品功能和内在品质，包括零件之间的过渡、表面肌理、色彩搭配等方面的关系处理，体现饰品的优异品质、精湛工艺。通过形态语言把握好饰品的档次象征，体现某一饰品的等级和与众不同，往往通过饰品标志、常用的局部典型造型或色彩手法、材料甚至价格等来体现，如标志"Braun"象征剃须刀无与伦比的档次，象征物主的富有及地位但仅作为计时用的金表等。通过饰品形态语言也能体现饰品的安全象征，在电器类、机械类及手工工具类饰品设计中具有重要意义，体现在使用者的生理和心理两个方面，著名品牌、浑然饱满、整体形态、工艺精细、色泽沉稳都会给人以心理上的安全感，合理的尺寸、避免无意触动的按钮开关设计等会给人生理上的安全感。

六、色——情感与文化的象征

色作为饰品的色彩外观，不仅具备审美性和装饰性，而且还具备符号意义和象征意义。作为视觉审美的核心，色彩深刻地影响着人们的视觉感受和情绪状态。人类对色彩的感觉最强烈、最直接，印象也最深刻，饰品的色彩来自于色彩对人的视觉感受和生理刺激，以及由此而产生的丰富的经验联想和生理联想，从而产生复杂的心理反映。饰品设计中的色彩，包括色相明度、纯度，以及色彩对人的生理、心理的影响。色彩对室内空间意境的形成方面有很重要的作用，它服从于饰品的主题，使饰品更具生命力。色彩给人的感受是强烈的，不同的色彩及组合会给人带来不同的感受：红色热烈、蓝色宁静、紫色神秘、白色单纯、黑色凝重、灰色质朴，表达出不同的情绪成为不同的象征。饰品设计中的色彩暗示人们的使用方式和提醒人们的注意，如传统照相机大多以黑色为外壳表面，显示其不透光性，同时提醒人们注意避光，并给人以专业的精密严谨感，而现代数码相机则以银色、灰色以及更多鲜明的色彩系列作为饰品的色彩呈现。色彩设计应依据饰品表达的主题，体现其诉求。而对色彩的感受还受到所处时代、社会、文化、地区及生活方式、习俗的影响，反映着追求时代潮流的倾向。

七、质——材料质感和肌理的传递

人对材质的知觉心理过程是不可否认的，而质感本身又是一种艺术形式。如果饰品的空间形态是感人的，那么利用良好的材质与色彩可以使饰品设计以最简约的方式充满艺术性。材料的质感肌理是通过表面特征给人以视觉和触觉感受以及心理联想及象征意义。饰品形态中的肌理因素能够暗示使用方式或起警示作用。人们早就发现手指尖上的指纹使把手的接触面变成了细线状的突起物，从而提高了手的敏感度并增加了把持物体的摩擦力，这使饰品尤其是手工工具的把手获得有效的利用并作为手指用力和把持处的暗示。通过选择合适的造型材料来增加感性、浪漫成分，使饰品与人的互动性更强。在选择材料时不仅用材料的强度、耐磨性等物理量来作评定，而且考虑材料与人的情感关系远近作为重要评价尺度。不同的质感肌理能给人不同的心理感受，如玻璃、钢材可以表达饰品的科技气息，木材、竹材可以表达自然、古朴、人情意味等。材料质感和肌理的性能特征将直接影响到材料用于所制饰品后最终的视觉效果。工业设计师应当熟悉不同材料的性能特征，对材质、肌理与形态、结构等方面的关系进行深入的分析和研究，科学合理地加以选用，以符合饰品设计的需要。

优良的饰品形态设计，总是通过形、色、质三方面的相互交融而提升到意境层面，以体现并折射出隐藏在物质形态表象后面的饰品精神。这种精神通过用户的联想与想象而得以传递，在人和饰品的互动过程中满足用户潜意识的渴望，实现饰品的情感价值。

第三节　形态的心理效应

形态作为材料层、形式层与意蕴层的整合系统，作用于人类的视觉和触觉，在心理上产生的反应就是形态的心理效应。形态的心理效应以生理反应为基础，同时蕴涵一定的情感内容。

形态中最重要的心理效应是整体的生命感，这是形态能成为审美客体的前提。凡是不能体现出生命意味的形态是不具有审美性的。"艺术的形式即生命的形式"，抽象画家康定斯基认为："孤立的线条和孤立的面同样包含着特殊的活的生命，尽管它们还处于一种潜在的状态。"

设计品从整体上产生的生命感，主要从以下几个方面综合体现出来，即时间感、动感、量感、力度感、节奏感与韵律感、生长感与整体感。

一、时间感

形态通过艺术的呈现形式给予的时间间隔感觉是形态的时间感。时间间隔首先受人类机体内部的节律性过程的影响，譬如有规律的呼吸、日程间隔、劳动节律等，都促成时间间隔的形成。同时，它还同自然现象的规律性有关，如四季的交替、夏秋的色彩变化、气温的升降等。时间感是使形态具有深度和历史感的重要途径。

在艺术设计中，时间感的营造主要通过两种方式：

（1）将形态要素进行有规则的变化，以形成时间上的间隔感和空间上的运动感，从而产生纵深的时间流向感觉。日本的设计受其传统文化熏陶已久，它的设计哲学中最重要的两点是Wabi和Sabi。Wabi意味着一无所有、零、有限；Sabi意味着永恒、无限。这些原则反映在日本传统和现代设计中，就使其设计品具有浓郁的时间纵深感和永恒感。

（2）直接将形态定位于某一特定的历史氛围中。在后现代主义设计中，历史主义的倾向使形态具有古典和现代相互置换、揉杂和融合的痕迹。如1967年至1968年汉斯·霍伦设计的奥地利国家旅游局大楼，他以现代金属材料制成热带棕榈树形态，以厚重的布幔搭成屏风，以不锈钢制作希腊式的门柱，其中流露出强烈的古典向现代的延伸感。

二、运动感

运动是生命的基本特征之一，因此形态的运动感最容易表达形态的生命意味。但是以静止的媒介表达静止的感觉相对简单，以静止的手法表现出运动的效果则难度较大。

使用"频闪效应"手法来表现运动感是最常见的一种方式。"频闪效应"是电影术语，它指的是摄像机将客体连续运动的不同形象和位置记录下来，然后在银幕上交替很短的时间，亦即通过同时再现运动对象的连续形态来表现运动。法国画家杜桑的作品《下楼梯的裸女》，就是将连续的处于不同运动状态时的女人体并置在相当短的时间段和空间领域内，从而造成下楼梯的运动感。

造成运动感的手法还有很多。比如，可以借助现实运动印象的某些间接特征来传达运动感，也可以借助知觉固有的完整性，通过暗示手法将部分的运动特征扩展到整体的运动状态。如以手、脚、躯体某一刻所特有的运动姿势来表现全身的运动感，古希腊雕塑家米隆的《掷铁饼者》就是选择人体在运动高潮前的瞬间形态来体现运动感。此外，还可以采用运动后的静态结果来表现运动感。如风化的山石非常直观地告诉我们自然的运动过程，树梢被风刮弯后的姿态也清楚地显示出风的作用所造成的运动感。

深度知觉也是形成运动感的一条途径。在平面形态上营造有深度的纵深感，从而引导人的视觉流程产生运动感，如采用透视法，包括成角透视和空气透视，造成物象延伸的动感。采用对角线的构图使形态的不稳定性增强，也能产生运动感。

三、量感效应

量感效应是形态在人的心理上造成的有关客体重量、大小程度的感觉。它涉及形态自身的物质量与审美主体的心理量之间的交叉或重合关系。物质量包括绝对物质量与相对物质量。前者指形态实际占有的空间量，可以测量；后者以形态内部的构成因素作为参照系，指形态的相对空间涵纳量。在量感效应中，起主要作用的是绝对物质量。心理量则是人类在长期的知觉经验基础上形成的知觉定势。

量感效应包括畏感、实感和趣感效应三种。畏感效应与趣感效应均是心理量与物质量的交叉。

畏感效应发生时，形态的物质量大大超过心理量，人正常的心理承受能力无法把握，因此在人的心理上产生畏惧、神秘的反应。许多纪念碑建筑的形态采用高地势和台阶导入的手法以增大客体与主体的对比度。这样，纪念碑越显得高大，人就越显得渺小，从而产生崇高、庄严的美感。

趣感效应中，形态的物质量大大小于心理量。客体以一种玩偶的姿态进入审美主体视野，使主体产生小巧、精致的心理效应。许多饰品、玩具的形态符合趣感效应，此时人的情绪是轻松、活泼的。

实感效应则是物质量与心理量的重合，二者的一致给人亲切感。许多与日常生活密切联系的饰品，由于和每个人的生活都息息相关，多采用能产生实感效应的形态，其大小中等，重量适中，既不大过人所能把握的程度，又不小到让人无法使用或欣赏。

在形态设计中，并无固定不变的法则，因此量感的三种心理效应也常常灵活置换、综合运用，产生丰富的效果。譬如有的纪念碑推陈出新，以实感效应取代畏感效应，以亲和感代替畏惧感，反而增强纪念碑的凝重感，并且拉近了英雄与凡人的距离，赋予它更深刻的思想内涵。

四、力度感

形态给予人心理上力的强弱程度反应是形态的力度感。它与形态的量感和动感有密切关系。一般而言，力度感与物质量成正比例关系。物质量越大，力度感越强；物质量越小，则力度感越弱。动感的急缓也可以影响力度感。运动速度快、动感强烈的事物，给予人的力度感就强。如飞驰的列车比缓行的游船给人的力度感更大，摇滚乐比爵士乐的力度感更强烈等等。此外，力度感还可以通过受力后的形态来暗示，如方形受压后呈现出的扁圆形就给人以有力的重压的感觉。

五、节奏感与韵律感，生长感与整体感

节奏与韵律是音乐术语。节奏指音调高低缓急的度，它是由强弱、轻重、长短、缓急不同的声响交替出现而造成的规律性间隔。韵律是在节奏基础上形成的有高低起伏的声音旋律，它可以由声音的动感和力度感相互作用而产生。急剧的运动感和强大的力度感相结合，能产生雄壮的韵律美；舒缓的运动感和轻柔的力度感则产生秀雅的韵律美。

生命形式都具有节奏感与韵律感，因此形态中体现出的节奏感往往能暗示生命的痕迹。如平面构成中常用的渐变原则，它所体现出的节奏美，其原型来自于动植物不同生长时期的变化。相应地，它也能暗示生命的运动。在形态设计中，既有线条的韵律，也有体量的韵律。前者通过线条长短、大小、曲直、疏密、正斜等有机的组合，造成有节奏的变化；后者通过各个单元形态要素的大小、前后、左右的立体组合，产生韵律感。

节奏感和韵律感能给予饰品形态以生长感与整体感的心理效应。生长感与整体感是最直接的生命体现。

不同形态作为客体作用于人类的心理，会产生不同的心理效应。关于形态对人的心理效应大致有以下几种理论解释。

（一）联想说

这种理论认为某种形态之所以能显出运动感觉或产生生命意味，在于它具有与人类生活经验或运动的自然物相似或可比之处。看到此形态，就联想起某种相关事物，从而唤起类似的心理反应。譬如三角形之所以显得稳定，量感强，是因为它使人联想起金字塔；蛇形线的运动感在于它类似运动灵活的蛇；而圆形的饱满感则更多地与自然形态如太阳、月亮、车轮等有类似处。

（二）移情说

移情说认为形态自身无任何感觉可言，形态之所以能给人以运动感和力度感，是由于审美主体的感情投入。我们把自己的情感移植到对象上去，从而赋予静止的形态以活动的生命意味。最著名的例子是美学家里普斯所举的道茵式石柱。这种柱子下粗上细，柱面有凸凹形的纵直的槽。它本是无生命的大理石塑造形态，却显得有生气，有力量，能活动，给人以"耸立上腾"和"凝成整体"的感觉。"移情说"解释为这是由于"我"进入到石柱里面，石柱仿佛"我"自己，在凝成整体和耸立上腾，就"像我自己在镇定自持、昂然挺立，或是抗拒自己身体重量压力而持续维持这种挺立姿态时所做的一样"。

在"移情说"基础上产生的"内摹仿"说，更把心理的审美活动与人的生理活动相联系。比如看到一条蜿蜒的曲线，之所以能产生运动感，是因为人的摹仿本能带来筋肉的不自觉的、内在的运动。

（三）"异质同构"说

这是格式塔心理学的观点。格式塔心理学认为尽管人的心理世界与外部的物理世界是不同质的，但这两个世界在力的结构上存在类似性、可比性。这种类似是一种形式上的吻合。艺术设计中的形态是一种表现型形式，它给人的感觉和情绪直接融合于形式中。这些形式因素在人们心中唤起一种力，通过对这种张力的感受，人们能知觉到形态的内在表现意义。如一条蛇形曲线本来既没有任何运动，也无所谓前后，但我们在欣赏时，常常感到它在向前运动着。格式塔心理学认为，虽然物理的线与人的心理上的运动感觉没有本质上的相同，但二者都具有形式上类似结构的张力，在力的强弱、起伏、间隔上存在着可比性。这种形式上的力的吻合赋予静止的曲线以运动感。

第四节 形态的审美属性

在现代艺术设计中，形态除了作为设计品效用功能的载体外，还具有自己独立的审美价值。它除了能满足效用功能的需求外，还在心理上给人以不同程度的情感愉悦和精神享受。形态除了基本的心理效应外，还具有高层次的审美属性。这两个方面是紧密结合在一起的。随着人类生活方式的日益丰富发展，对精神生活的质量要求越来越高，形态的审美价值和地位也会日益彰显。

形态的心理效应是形态审美属性的前提。不同的动感、力度感、量感、节奏感与韵律感等诸多因素经过搭配与组合后，构成形态的基本审美属性。下面所列举的，即是几种基本审美风格在心理效应上的组合规律。

雄奇：急骤的动感和强大的力度，节奏密集，和谐中对立因素占优势，趋于对等平衡。

粗犷：强力度，急骤的动感，稀疏的节奏，对立因素占优势，趋于对等平衡。

淳朴：中度动感和中强力度，节奏稀疏，和谐中对立因素占优势，趋于对等平衡。

秀雅：缓慢的动感和较弱的力度，稀疏的节奏和充分的和谐。

精致：强力度，缓慢的动感，节奏密集，和谐中统一因素胜过对立因素，对等平衡。

华丽：跳跃的动感和强力度，细密的节奏和韵律，和谐中统一因素占优势，对等平衡。

但是，仅仅从形态的基本心理效应出发还不能解释形态丰富的审美内涵。作为一种"有意味的形式"，形态中蕴藏着深刻的观念性内容，它更多地与人类灿烂悠久的文化相关。正是由于丰富的社会历史文化、精神产物的积淀，才使形态的意蕴更具审美性。

随着人类与自然界关系的日益密切，从自然界中抽取的基本形态成为人的自由的本质力量的感性肯定。那些流动的线、水平的面和小巧的点今天已经不具有明确的意义，但在当时却是人类抽象思维发展的一个不小进步。它说明人可以摆脱有限的、外在的庞杂的物质世界束缚，而从中抽象、提炼出一般的本质。在以后的文化积淀中，这些形态的内涵被不断拓展，意蕴更丰富，审美性更强烈，彻底摆脱了最初的功利痕迹。下面列举的就是形态的基本要素点、线、面及常见形态的一般审美属性。

一、点的审美属性

点的基本特性是聚集。任何一个点都可以成为视觉的中心。由于艺术设计中运用的点是纯粹形态，它的大小和形状变化直接影响点的审美属性。在某些情况下，一个点可以被视为一个面，面的对比可产生点或非点的效果。点与线与面的微妙关系，在设计中如果处理得当，可以取得奇特效果。如中国传统的联珠纹形态，它是由基本相同的小圆形联结成的几何图形，圆内绘动物、花卉、器皿等多种图案。联珠纹广泛运用于古代彩陶、瓷器、铜镜及各种丝织品上。这些单个的圆形可以被看作点，同时巧妙地在圆内绘物，又将点的内涵扩充为面。

点可分为规则点和不规则点，规则点又可分为圆形点和方形点。在中国传统设计中，圆形点运用得最为频繁，这与中国人对圆的喜好有关。圆由封闭曲线围合，形象完整，内部饱满，给人内敛、圆融、稳定但又趋向不断运动的感受。最典型的例子是中国的阴阳太极图。

方形点的外轮廓由直线构成，形象坚实、方正、规整，给人以静止和庄重之感。方形点的刚正与圆形点的温柔形成强烈的对比。

不规则点是由不规则线构成，形象自由随意，给人以灵动多变之感。不规则点的应用在中国书法中体现得尤为明显。现代艺术设计借鉴书法为造型手段，这其中以日本运用得最为娴熟。日本的包装设计、海报、广告设计常融入不规则点的书法美感，这既能增强优雅的气质，富有历史文化的深厚性，同时，又具有现代设计生动、活泼的特性。

二、线的审美属性

线的基本特征是视觉导向。与点的凝聚性不同，线总是牵引人的视线运动，因此线的本性是运动，而非静止。线作为纯粹形态而言，它的大小和形状变化能产生面的感觉，因此形态设计中线面经常穿插使用。按照方向差异，线可区分为直线与曲线。直线主要有水平线、垂直线、斜线、射线；曲线又可分为几何曲线和自由曲线。

直线的方向感极强，且力度感大于曲线，因此直线形态给人刚劲、有力的美感。其中水平线与视觉的方向一致，因而产生舒缓、宁静、沉稳和无限延伸的感觉。水平线使设计作品具有平衡美。中国山水画的构图常常采用水平层次的叠加递进，使山水画的气氛宁静而不紧张，非常符合其淡泊、闲适、舒展的本色。在平面设计中，海报、广告采用水平分割构图，则画面显得匀称、端正。

垂直线与水平线正好相反，垂直的纵向形态给人向上耸立的基本感觉。当我们的视线由下循上运动，内心里也生发出一种抵抗压力的冲动。这种冲动能激起人自身的尊严和勇气，从而使垂直形态本身显得高大、雄伟，甚至崇高。许多纪念性建筑就采用垂直形态。

斜线（射线）的方向感与稳定、平衡的上下左右方向有对比，因此斜线显得比水平线和垂直线更灵活。中国书法中的"撇"、

"捺"就是典型的斜线形态，往往成为一个字的点睛之笔。斜线的方向对其审美属性影响很大。向上的斜线给人奋发、挑战的积极美感，向下的斜线则让人产生俯冲、倾倒甚至危机感。

20世纪初，深受欧洲现代艺术运动影响的"现代主义"设计，经常采用纯粹的纵横线条与简单的直线形态进行设计。饰品的功能性强，具有简洁、整齐、标准化的美感。如包豪斯学院的奠基人格罗佩斯在1923年设计了一款门手柄，运用的造型是最简单的纵割水平线与垂直线。但是这种理性色彩极浓的形态发展到极致，会造成人与饰品的疏远。过于生硬的直线形态需要曲线形态加以补充、调和。

曲线的流动性比直线大得多，而且自由曲线比几何曲线（抛物线、弧线、双曲线）更灵活。几何曲线一般具有理智而柔和的美感，它们通常呈对称分布，均衡、稳定又富于变化，因此广泛用于对功能和时代美感都要求很高的尖端科技饰品中。如许多电视机的屏幕采用舒缓的弧线造型。在几何曲线中，抛物线最具有向外运动、扩张的速度感；而双曲线对称又变化的造型被运用到女性服装上去，能突出优美的身体曲线。

蛇形线也称S 形线，英国画家荷加斯在《美的分析》一书中称其为最美的曲线。蛇形线一波三折的起伏富有强烈的节奏感与韵律感，同时又充满柔和、秀美的气质。它不像直线形态流于生硬，动感也非常强。鲁本斯的绘画就经常采用S 形构图，以增强整个画面的气势和动感。在艺术设计中，蛇形线以其优美跳跃、轻松活泼的美感成为许多时尚用品形态的首选。20世纪20年代初，在以欧洲为中心的新艺术运动中，服装设计一改过去的生硬形式而强调、夸张女性的形体曲线，突出女性胸部和臀部的S 形造型。

螺旋线具有强烈的上升感，同时它将重复性和创造性结合完美，从中甚至可以领略到一种幽默的趣味。螺旋线的运动感特别强烈，但是并不紧张，且具有一种舒缓、逐步延伸的优雅美。18
世纪流行于欧洲的洛可可艺术以缠绕的植物枝蔓和花叶（缠枝纹
和花草纹）为主要设计形态。这些形态被19世纪英国下半叶兴起
的工艺美术运动继承，成为对抗机器大工业理性形态的主要形
式。中国民间工艺对螺旋线也很喜爱。早在汉代，缠枝纹就已经
出现，它的花草原型为常春藤、紫藤、忍冬、凌霄等攀爬类吉祥
花草。从唐代以来，缠枝纹就被广泛运用于铜镜、瓷盘、漆器、
书画的纹样中。

自由曲线具有随机性和偶然性，没有规定，因而也最自由，
内涵很丰富。从总体而言，自由曲线显得奔放、流畅、热情，具
有抒情诗般的美感。自由曲线可以呈现秀雅的美，也可以呈现雄
壮的美，取决于自由曲线力度感、动感的差异，同时也与自由曲
线和其他形态搭配后的效果有关。譬如自由曲线与几何曲线搭
配，往往能增强其优美感；自由曲线若与斜线相配，则显得更有
气势。

三、面的审美属性

面作为线的集合体，其审美属性与边界线的审美属性关系密
切。与线的情形类似，面可分为几何形和自由形。正方形、矩
形、圆形、椭圆、三角形、梯形是最基本的几何形。

作为直线与直角的结合，矩形具有直线形态刚直、稳健的基
本审美属性。在众多矩形中，以符合黄金比例的矩形更富于美
感。这是由于它的长宽之比符合使知觉舒适的1：0.618。符合这
个比例的矩形介于一个正方形和两个正方形组合的矩形之间，与
其他一切形态相区分。黄金比例是一个完美合度的比例关系，17
世纪欧洲著名科学家开普勒甚至将黄金比例视为几何学的两大宝
藏之一。许多艺术设计自觉采用这种矩形形态，如室内窗户比
例、舞台比例，还有各种平面广告、海报、包装等设计。

正方形四边相等、四角相等，因而有平稳、单纯、安定、整

洁、规则之感。而且无论它在空间中所处的位置如何，即不管是水平、垂直还是倾斜放置，它的整体稳定感都不会破坏。矩形的审美属性则与其空间位置有关。如果水平放置矩形，它是稳定的且具有延伸感；当其垂直正立时，则显得挺拔、高大、庄严；当其成角度倾斜放置时，又有运动感、不安全的危机感。

由曲线构成的封闭圆形是一个完满自足的世界。其圆润的边界线柔和、流动，给人生生不息、循环不止的感觉，其内部饱满、充实。圆具有丰富灵活的动感和转动的幻觉感，因此圈成为中国传统工艺的首选形态。圆形普遍应用于日常生活及工艺美术领域，如镜、盘、盆等各种生活用品的造型；织物花纹中的寿字纹、喜字纹和八吉纹；建筑、园林中的拱门、拱桥等。

偏爱圆形与中国传统的文化精神密切相关。圆是一个内心丰富而与外界相对隔离的自在世界，这是农业社会的基本生存方式。圆循环流动、不息不止，也正是中国文化的精髓所在。中国人崇尚流动的宇宙观，"天行健，君子以自强不息"。圆曲线玲珑，似乎柔弱不堪，其实内部充实，从中折射出一种外表柔顺、内心刚健的人格美。因此圆的形态、圆的意象如此频繁地出现在文学作品、工艺美术、绘画雕塑中。

椭圆是圆的变体，相对于圆而言，椭圆更为秀气、柔和。如果说圆是富贵之态，系"大家闺秀"，那么椭圆则为俏丽之姿，是"小家碧玉"。

三角形的三点连线结构一般被视为是最稳定的结构，但三角形的审美属性受其空间位置影响很大。如果是正三角形，则它既体现出稳定感，又富有进取感。其左右两条边线相交成点，又成为视线的聚集中心。若是倒立的三角形，则是最不稳定的，并具有俯冲、倒退之感。一般而言，顶角的角度越小，对人的心理刺激越强烈，视觉识别力也越强，因此在标志设计中三角形经常被采用。

自由形包括有机形、偶然形，不规则形等。它们都是由不规则的曲线和直线组合而成的，因此其审美属性差异较大。但从总体而言，自由形的灵活感要大于几何形，而且它的理性成分少，更具有人情味。很多有机形就直接借鉴仿生学的研究成果，创建了人与自然对话交流的新渠道。

四、体的审美属性

体是面移动的轨迹，因此体的审美属性与面的审美属性关系密切。如正方体具有与正方形类似的基本审美属性，而锥体与三角形给人的美感也很相近。

形态设计是一项相当复杂且富有创造性的工程，由于文化的差异，形态呈现出时代性、流行性和民族性的特色，因此本章节分析的形态审美属性只是一个起点和工具。随着人类文化的不断发展，人类与自然关系的不断改善，形态的审美属性也将不断丰富。因此，真正要设计出富有个性、艺术魅力的形态，不但要深入挖掘基本形态的深层内涵，而且要善于对形态各要素重新组合、加工，将不同的形态纳入一个和谐的整体，如点和面的组合，线和体的组合，点线面的综合运用等。

第七章　室内空间组织和界面处理

第一节　室内空间组织

人类劳动的显著特点，就是不但能适应环境，而且能改造环境。从原始人的穴居，发展到具有完善设施的室内空间，是人类经过漫长的岁月，对自然环境进行长期改造的结果。最早的室内空间是 3000年前的洞窟，从洞窟内的反映当时游牧生活的壁画来看，证明人类早期就注意装饰自己的居住环境。室内环境是反映人类物质生活和精神生活的一面镜子，是生活创造的舞台。人的本质趋向于有选择地对待现实，并按照他们自己的思想、愿望来加以改造和调整，现实环境总是不能满足他们的要求。不同时代的生活方式，对室内空间提出了不同的要求，正是由于人类不断改造和现实生活紧密相联的室内环境，使得室内空间的发展变得永无止境，并在空间的量和质量方面充分体现出来。

自然环境既有有益于人类的一面，如阳光、空气、水、绿化等；也有不利于人类的一面，如暴风雪、地震、泥石流等。因此，室内空间最初的主要功能是对自然界有害性侵袭的防范，特别是对经常性的日晒、风雨的防范，仅作为较以生存的工具，由此而产生了室内外空间的区别。但在创造室内环境时，人类也十分注重与大自然的结合。人类社会发展至今日，人们愈来意认识到发展科学、改造自然，并不意味着可以对自然资源进行无限制的掠夺和索取，建设城市、创造现代化的居住环境，并不意味着可以完全不依照自然，甚至任意破坏自然生态结构，侵吞甚至消灭其他生物和植被，使人和自然对立、和自然隔绝。与此相反，人类在自身发展的同时，必须顾及赖以生存的自然环境。因此，控制人口、控制城市化进程、优化居住空间组织结构，维持生态平衡，返璞归真，回归自然，创造可持续发展的建筑等等，已成为人们的共识。对室内设计来说，这种内与外、人工与自然、外部空间和内部空间的紧密相联的、合乎逻辑的内涵，是室内设计的基本出发点，也是室内外空间交融、递进、更替现象产生的基础，并表现在空间上既分隔又联系的多类型、多层次的设计手法上，以满足不同条件下对空间环境的不同需要。

一、室内空间的概念

室内空间是人类劳动的产物，是相对于自然空间而言的，是人类有序生活组织所需要的物质产品。人对空间的需要，是一个从低级到高级，从满足生活上的物质要求，到满足心理上的精神需要的发展过程。但是，不论物质或精神上的需要，都是受到当时社会生产力、科学技术水干和经济文化等方面的制约。人们的需要随着社会发展提出不同的要求，空间随着时间的变化也相应发生改变。这是一个相互影响、相互联系的动态过程。因此，室内空间的内涵、概念也不是一成不变的，而是在不断地补充、创新和完善。

对于一个具有地面、顶盖、东南西北四方界面的六面体的房间来说，室内外空间的区别容易被识别，但对于不具备六面体的空间，可以表现出多种形式的内外空间关系，有时确实难以在性质上加以区别。但现实生活告诉我们，一个最简单的独柱伞壳，如站台、沿街的帐篷摊位，在一定条件下（主要是高度），可以避免日晒雨淋，在一定程度上达到了最原始的基本功能。而徒具四壁的空间，也只能称之为'院子'或'天井'而已，因为它们是露天的。由此可见，有无顶盖是区别内、外部空间的主要标志。

具备地面（楼面）。顶盖、墙面三要素的房间是典型的室内空间；不具备三要素的，除院子、天井外，有些可称为开敞、半开敞等不同层次的室内空间。我们的目的不是企图在这里对不同空间形式下确切的定义，但上述的分析对创造、开拓室内空间环境具有重要意义。譬如，希望扩大室内空间感时，显然以延伸顶盖最为有效。而地面、墙面的延伸，虽然也有扩大空间的感觉，但主要的是体现室外空间的引进，室内外空间的紧密联系。而在顶盖上开洞，设置天窗，则主要表现为进入室外空间，同时也具有开敞的感觉（图7-1）。

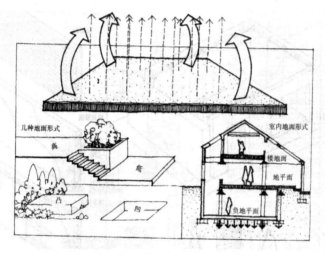

图 7-1

二、室内空间特性

人类从室外的自然空间进入人工的室内空间，处于相对的不同环境，外部和大自然直接发生关系，如天空、太阳、山水、树木花草，内部主要和人工因素发生关系，如顶棚、地面、家具、灯光、陈设等。

室外是无限的，室内是有限的，室内围护空间无论大小都有规定性，因此相对说来，生活在有限的空间中，对人的视距、视角、方位等方面有一定限制。室内外光线在性质上、照度上也很不一样。室外是直射阳光，物体具有较强的明暗对比，室内除部分是受直射阳光照射外，大部分是受反射光和漫射光照射，没有强的明暗对比，光线比室外要弱。因此，同样一个物体，如室外的柱子，受到光影明暗的变化，显得小；室内的柱子因在漫射光的作用下，没有强烈的明暗变化，显得大一点；室外的色彩显得鲜明，室内的显得灰暗。这对考虑物体的尺度、色彩是很重要的。

室内是与人最接近的空间环境，人在室内活动，身临其境，室内空间周围存在的一切与人息息相关。室内一切物体触摸频繁。又察之入微，对材料在视觉上和质感上比室外有更强的敏感性。由室内空间采光、照明、色彩、装修、家具、陈设等多因素综合造成的室内空间形象在人的心理上产生比室外空间更强的承受力和感受力，从而影响到人的生理、精神状态。室内空间的这种人工性、局限性、隔离性、封闭性、贴近性，其作用类似蚕的茧子，有人称为人的"第二层皮肤"。

现代室内空间环境，对人的生活思想、行为、知觉等方面发生了根本的变化，应该说是一种合乎发展规律的进步现象，但同时也带来不少的问题，主要由于与自然的隔绝、脱离日趋严重，从而便现代人体能下降。因此，有人提出回归自然的主张，怀念日出而作、日落而息的与自然共呼吸的生活方式，在当代得到了很大的反响。

虽然历史是不会倒退的，但人和自然的关系是可以调整的，尽管这是一个全球性的系统工程，但也应从各行各业做起。对室内设计来说，应尽可能扩大室外活动空间，利用自然采光、自然能源、自然材料，重视室内绿化，合理利用地下空间等，创造可持续发展的室内空间环境，保障人和自然协调发展。

三、室内空间功能

空间的功能包括物质功能和精神功能。物质功能包括使用上的要求，如空间的面积、大小、形状，适合的家具、设备布置，使用方便，节约空间，交通组织、疏散、消防、安全等措施以及科学地创造良好的采光、照明、通风、隔声、隔热等的物理环境等等。

现代电子工业的发展，新技术设施的引进和利用，对建筑使用提出了相应的要求和改革，其物质功能的重要性、复杂性是不言而喻的。如住宅，在满足一切基本的物质需要后，还应考虑符合业主的经济条件，在维修、保养或修理等方面开支的限度，提供安全设备和安全感，并在家庭生活期间发生变化时，有一定的灵活性等。

关于个人的心理需要，如对个性、社会地位、职业、文化教育等方面的表现和对个人理想目标的追求等提出的要求。心理需要还可以通过对人们行为模式的分析去了解。

精神功能是在物质功能的基础上，在满足物质需求的同时，从人的文化、心理需求出发，如人的不同的爱好、愿望、意志、审美情趣、民族文化、民族象征、民族风格等，并能充分体现在空间形式的处理和空间形象的塑造上，使人们获得精神上的满足和美的享受。

而对于建筑空间形象的美感问题，由于审美观念的差别，往往难于一致，而且审美观念就每个人来说也是发展变化的，要确立统一的标准是困难的，但这并不能否定建筑形象美的一般规律。

建筑美，不论其内部或外部均可概括为形式美和意境美两个主要方面。

空间的形式美的规律如平常所说的构图原则或构图规律，如统一与变化、对比、微差、韵律、节奏、比例、尺度、均衡、重点、比拟和联想等等，这无疑是在创造建筑形象美时必不可少的手段。许多不够完美的作品，总可以在这些规律中找出某些不足之处。由于人的审美观念的发展变化，这些规律也在不断得到补充、调整，以至产生新的构图规律。

但是符合形式美的空间，不一定达到意境美。正像画一幅人像，可以在技巧上达到相当高度，如比例、明暗、色彩、质感等等，但如果没有表现出人的神态、风韵，还不能算作上品。因此，所谓意境美就是要表现特定场合下的特殊性格，也可称为建筑个性或建筑性格。太和殿的"威严"，朗香教堂的"神秘"，意大利佛罗伦萨大看台的"力量"，落水别墅的"幽雅"都表现出建筑的性格特点，达到了具有感染强烈的意境效果，是空间艺术表现的典范。由此可见，形式美只能解决一般问题，意境美才能解决特殊问题；形式美只涉及问题的表象，意境美才深入到问题的本质；形式美只抓住了人的视觉，意境美才抓住了人的心灵。掌握建筑的性格特点和设计的主题思想，通过室内的一切条件，如室内空间、色彩、照明、家具陈设、绿化等等，去创造具有一定气氛、情调、神韵、气势的意境美，是室内建筑形象创作的主要任务。

在创造意境美时，还应注意时代的、民族的、地方的风格的表现，对住宅来说还应注意住户个人风格的表现。

意境创造要抓住人的心灵，就首先要了解和掌握人的心理状态和心理活动规律。此外，还可以通过人的行为模式，来分析人的不同的心理特点。

四、室内空间组合

室内空间组合首先应该根据物质功能和精神功能的要求进行创造性的构思，一个好的方案总是根据当时当地的环境，结合建筑功能要求进行整体筹划，分析矛盾主次，抓住问题关键，内外兼顾，从单个空间的设计到群体空间的序列组织，由外到内，由内到外，反复推敲，使室内空间组织达到科学性、经济性、艺术性，理性与感性的完美结合，做出有特色、有个性的空间组合。组织空间离不开结构方案的选择和具体布置，结构布局的简洁性和合理性与空间组织的多样性和艺术性，应该很好地结合起来。经验证明，在考虑空间组织的同时应该考虑室内家具等的布置要求以及结构布置对空间产生的影响，否则会带来不可弥补的先天性缺陷。

随着社会的发展，人口的增长，可利用的空间是一种趋于相对减少的量，空间的价值观念将随着时间的推移而日趋提高，因此如何充分地、合理地利用和组织空间，就成为一个更为突出的问题。我们应该把没有重要的物质功能和精神功能价值的空间称为多余的浪费空间，没有修饰的空间（除非用作储藏）是不适用的、浪费的空间。合理地利用空间，不仅反映在对内部空间的巧妙组织，而且在空间的大小、形状的变化，整体和局部之间的有机联系，在功能和美学上达到协调和统一。

美国建筑师雅各布森的住宅，巧妙地利用不等坡斜屋面，恰如其分地组织了需要不同层高和大小的房间，使之各得其所。其中起居室空间虽大但因高度不同的变化而显得很有节制，空间也更生动。书房学习室适合于较小的空间而更具有亲切、宁静的气氛。整个空间布局从大、高、开敞至小、亲切、封闭，十分紧凑而活泼，并尽可能地直接和间接接纳自然光线，以便使冬季的黑暗减至最小。日本丹下健三设计的日南文化中心，大小空间布置得体，各部分空间得到充分利用，是公共建筑采用斜屋面的成功例子。英国法兰巴恩聋哑学校采用八角形的标准教室，这种多边形平面形式有助于分散干扰回声和扩散声，从而为聋哑学校教室提供最静的声背景，空间组合封闭和开敞相结合，别具一格。每个教室内有 8 个马蹄形布置的课桌，与室内空间形式十分协调，该教室地面和顶棚还设有感应圈，以增强每个学生助听器的放大声。

在空间的功能设计中，还有一个值得重视的问题，就是对储藏空间的处理。储藏空间在每类建筑中是必不可少的，在居住建筑中尤其显得重要。如果不妥善处理，常会引起侵占其他空间或造成室内空间的杂乱。包括储藏空间在内的家具布置和室内空间的统一，是现代住宅设计的主要特点，一般常采用下列几种方式：

（1）嵌入式（或称壁龛式）。

它的特点是贮存空间与结构结成整体，充分保持室内空间面积的完整，常利用突出于室内的框架柱，嵌入墙内的空间，以及利用宙于上下部空间来布置橱柜。

（2）壁式橱柜。

它占有一面或多面的完整塘面做成固定式或活动式组合柜，有时作为房间的整片分隔墙柜，使室内保持完整统一。

（3）悬挂式。

这种"占天不占地"的方式可以单独，也可以和其他家具组合成富有虚实、凹凸、线面纵横等生动的储藏空间，在居住建筑中十分广泛地被应用。这种方式应高度适当，构造牢固，避免地震时落物伤人的危险。

（4）收藏式。

结合壁柜设计活动床桌，可以随时翻下使用，使空间用途灵活，在小面积住宅中，和有临时增加家具需要的用户中，运用非常广泛。

（5）桌橱结合式。

充分利用桌面剩余空间，桌子与橱柜相结合。

此外还有其他多功能的家具设计，如沙发床及利用家具单元作各种用途的拼装组合家具。当在考虑空间功能和组织的时候，另一个值得注意的问题是，除上述所说的有形空间外，还存在着"无形空间"或称心理空间。

实验证明，某人在阅览室里，当周围到处都是空座位而不去坐，却偏要紧靠一个人坐下，那么后者不是局促不安地移动身体，就是悄悄走开，这种感情很难用语言表达。在图书馆里，那些想独占一处的人，就会坐在长方桌一头的椅子上，那些竭力不让他人和他并坐的人，就会占据桌子两侧中间的座位，在公园里，先来的人坐在长凳的一端，后来者就会坐在另一端，此后行人对是否要坐在中间位置上，往往犹豫，这种无形的空间范围圈，就是心理空间。

室内空间的大小、尺度、家具布置和座位排列，以及空间的分隔等，都应从物质需要和心理需要两方面结合起来考虑。设计师是物质环境的创造者，不但应关心人的物质需要，更要了解人的心理需求，并通过良好的优美环境来影响和提高人的心理素质，把物质空间和心理空间统一起来。

五、空间形式与构成

世界上的一切物质都是通过一定的形式表现出来的，室内空间的表现也不例外。建筑就其形式而言，就是一种空间构成，但并非有了建筑内容就能自然生长、产生出形式来。功能决不会自动产生形式，形式是靠人类的形象思维产生的，形象思维在人的头脑中有广阔的天地。因此，同样的内容也并非只有一种形式才能表达。研究空间形式与构成，就是为了更好地体现室内的物质功能与精神功能的要求。形式和功能，两者是相辅相成、互为因果、辩证统一的。研究空间形式离不开对平面图形的分析和空间图形的构成。

空间的尺度与比例，是空间构成形式的重要因素。在三维空间中，等量的比例如正方体、规律，没有方向感，但有严谨，完整的感觉。不等量的比例如长方体、椭圆体，具有方向感，比较活泼，富有变化的效果。在尺度上应协调好绝对尺度和相对尺度的关系。任何形体都是由不同的线、面、体所组成。因此，室内空间形式主要决定于界面形状及其构成方式。有些空间直接利用上述基本的几何形体，更多的情况是，进行一定的组合和变化，使得空间构成形式丰富多彩。

　　建筑空间的形成与结构，材料有着不可分割的联系，空间的形状、尺度、比例以及室内装饰效果，很大程度上取决于结构组织形式及其所使用的材料质地，把建筑造型与结构造型统一起来的观点，愈来愈被广大建筑师所接受。艺术和技术相结合产生的室内空间形象，正是反映了建筑空间艺术的本质，是其他艺术所无法代替的。例如奈尔维设计的罗马奥林匹克体育馆，由顶制菱形受力构件所组成的圆顶，形如美丽的葵花，具有十分动人的韵律感和完美感，充分显示工程师的高度智慧，是技术和艺术的结晶。又如某教堂，以三个双曲抛物面，覆盖着三部分不同观众的席位，中间为圣台，通过暴露结构的天宙，很适于教堂光线的要求，功能与结构十分协调。再如沙特阿拉伯国际航站，利用桅杆支撑的双曲薄膜屋董，能够在任何方向的风荷载下，保证纤维拉力的大跨度帐篷结构，将内部空间造成特有的柔和曲线，简洁明快，富有时代特点。我国传统的木构架，在创造室内空间的艺术效果时，也有辉煌的成就，并为中外所共知。

　　由上可知，建筑空间装饰的创新和变化，首先要在结构造型的创新和变化中去寻找美的规律，建筑空间的形状、大小的变化，应和相应的结构系统取得协调一致。要充分利用结构造型美来作为空间形象构思的基础，把艺术融化于技术之中。这就要求设计师必须具备必要的结构知识，熟悉和掌握现有的结构体系，并对结构从总体至局部，具有敏锐的、科学的和艺术的综合分析。

　　结构和材料的暴露与隐藏、自然与加工是艺术处理的两种不同手段，有时宜藏不宜露，有时宜露不宜藏，有时呈现自然之质朴，有时需求加工之精巧，技术和艺术既有统一的一面，也有矛盾的一面。

　　同样的形状和形式，由于视点位置的不同，视觉效果也不一样。因此，通过空间轴线的旋转，形成不同的角度，使同样的空间有不同的效果。也可以通过对空间比例、尺度的变化使空间取得不同的感受。例如，中国传统民居以单一的空间组合成丰富多样的形式。

现代建筑充分利用空间处理的各种手法，如空间的错位、错叠、穿插、交错、切割、旋转、裂变、退台、悬挑、扭曲、盘旋等，使空间形式构成得到充分的发展。但是要使抽象的几何形体具有深刻的表现性，达到具有某种意境的室内景观，还要求设计者对空间构成形式的本质具有深刻的认识。

约在20世纪20年代初西方现代艺术发展中，出现了以抽象的几何形体表现绘画和雕塑的构成主义流派，它是在受到毕加索的立体主义和赖特有机建筑的影响下，掀起的风格派运动中产生的。构成主义把矩形、红蓝黄三原色、不对称平衡作为创作的三要素。具有代表性的是荷兰抽象主义画家蒙德里安（1874～1944）用狭窄的黑带将画面划分为许多黑、白、灰和红、蓝、黄三原色方块田。随后，里特维尔德（1888～1964）根据构成主义的原则，设计了非常著名的红蓝黄三色椅，至今还在市场上广泛流传。当时俄国先锋派领袖康定斯基的第一幅纯抽象作品已在1910年问世，至1920年，塔特林为第三国际设计的纪念碑，是最有代表性的构成主义作品，虽然没有建成，但1971年在伦敦旋转艺术展览中复制了这个作品，能使大家一睹它的风采。在这个时期绘画、雕塑和建筑三者紧密联系和合作，都以抽象的几何形体和艺术表现的手段而走上同一条道路，这绝不是偶然的。

从具象到抽象，由感性到理性，由复杂到简练，从客观到主观，没有一个艺术家能离开这条遭路，或者走到极端，或者在这条路上徘徊。我们且不谈其他艺术应该走什么道路，但对建筑来说，由于建筑本身是由几何形体所构成，不论设计师有意或无意，建筑总是以其外部的体量组合，由内部的空间构成，呈现于人们的面前，承认建筑是艺术也好，不承认建筑是艺术也好，建筑的这种存在的客观现实，是不以人们的意志为转移的，人们必须天天面对它，接受它的影响。因此，如果把建筑艺术看为一种象征性艺术，那么它的艺术表现的物质基础，也就只能是抽象的几何形体组合和空间构成了。

六、 空间类型

空间的类型或类别可以根据不同空间构成所具有的性质特点来加以区分，以利于在设计组织空间时选择和运用。

（一）固定空间和可变空间（或灵活空间）

固定空间常是一种经过深思热虑的使用不变、功能明确、位置固定的空间，因此可以用固定不变的界面围隔而成。如目前居住建筑设计中常将厨房、卫生间作为固定不变的空间，确定其位置，而其余空间可以按用户需要自由分隔。美国A.格罗斯曼住宅平面，以厨房、洗衣房、浴室为核心，作为固定空间，尽端为卧室，通过较长的走廊，加强了私密性，在住宅的另一端，以不到顶的大储藏室隔墙，分隔出学习室、起居室和餐室。

另外，有些永久性的纪念堂，也常作为固定不变的空间。

可变空间则与此相反，为了能适合不同使用功能的需要而改变其空间形式，因此常采用灵活可变的分隔方式，如折叠门、可开可闭的隔断，以及影院中的升降舞台、活动墙面、天棚等（图7-2）。

图 7-2

（二）静态空间和动态空间

静态空间一般说来形式比较稳定，常采用对称式和垂直水平界面处理。空间比较封闭，构成比较单一，视觉常被引导在一个方位或落在一个点上，空间常表现得非常清晰明确，一目了然。动态空间，或称为流动空间，往往具有空间的开敞性和视觉的导向性的特点，界面（特别是曲面）组织具有连续性和节奏性，空间构成形式富有变化性和多样性，常使视线从这一点转向那一点。开敞空间连续贯通之处，正是引导视觉流通之时，空间的运动感既在于塑造空间形象的运动性上，如斜线、连续曲线等，更在于组织空间的节律性上。如锯齿形式有规律的重复，使视觉处于不停地流动状态（图7-3）。

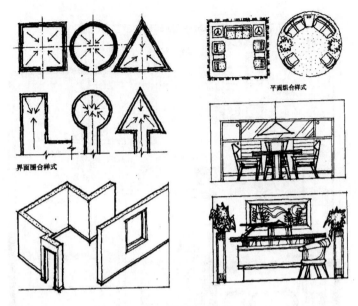

平面组合样式

界面围合样式

图 7-3

（三）开敞空间和封闭空间

开敞空间和封闭空间也有程度上的区别，如介于两者之间的半开敞和半封闭空间。它取决于房间的适用性质和周围环境的关系，以及视觉上和心理上的需要。在空间感上，开敞空间是流动的、渗透的。它可提供更多的室内外景观和扩大视野；封闭空间是静止的、凝滞的，有利于隔绝外来的各种干扰。在使用上，开敞空间灵活性较大，便于经常改变室内布置，而封闭空间提供了更多的墙面，容易布置家具，但空间变化受到限制，同时，和大小相仿的开敞空间比较显得要小。在心理效果上，开敞空间常表现为开朗的、活跃的；封闭空间常表现为严肃的、安静的或沉闷的，但富于安全感。在对景观关系上和空间性格上，开敞空间是收纳性的、开放性的，而封闭空间是拒绝性的。因此，开敞空间表现为更带公共性和社会性，而封闭空间更带私密性和个体性

（图7-4、图7-5）。

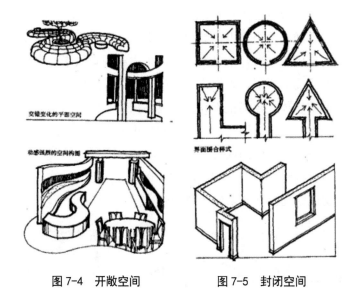

交错变化的平面空间

动感强烈的空间构图

界面围合样式

图 7-4 开敞空间　　　　图 7-5 封闭空间

（四）肯定空间和模糊空间

界面清晰、范围明确、具有领域感的空间，称肯定空间。一般私密性较强的封闭型空间常属于此类。

在建筑中凡属似是而非、模棱两可，而无可名状的空间，通常称为模糊空间。在空间性质上，它常介于两种不同类别的空间之间，如室外、室内，开敞、封闭等；在空间位置上常处于两部分空间之间而难于界定其所归属的空间，可此可遗，亦此亦彼。由此而形成空间的模糊性、不定性、多义性、灰色性，富于含蓄性和耐人寻味，常为设计师所宠爱（参见本节八、空间的过渡和引导），多用于空间的联系、过渡、引仲等。许多采用套间式的房间，空间界线也不十分明确。

（五）虚拟空间和虚幻空间

虚拟空间是指在界定的空间内，通过界面的局部变化而再次限定的空间，如局部升高或降低地坪或天棚，或以不同材质、色彩的平面变化来限定空间等等。

　　虚幻空间，是指室内镜面反映的虚像，把人们的视线带到镜面背后的虚幻空间去，于是产生空间扩大的视觉效果，有时还船通过几个镜面的折射，把原来平面的物件造成立体空间的幻觉，紧靠镜面的物体，还能把不完整的物件（如半圆桌），造成完整的物件圆桌的假象。因此，室内特别狭小的空间，常利用镜面来扩大空间感，并利用镜面的幻觉装饰来丰富室内景观。除镜面外，有时室内还利用有一定景深的大幅面画，把人们的视线引向远方，造成空间深远的意象（图7-6）。

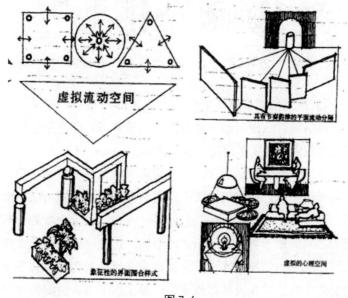

图 7-6

七、空间的分隔与联系

　　室内空间的组合，从某种意义上讲，也就是根据不同使用目的，对空间在垂直和水平方向进行各种各样的分隔和联系，通过不同的分隔和联系方式，为人们提供良好的空间环境，满足不同种活动需要，并使其达到物质功能与精神功能的统一。上述不同空间类型或多或少与分隔和联系的方式分不开。空间的分隔和联系不单是一个技术问题，也是一个艺术问题，除了从功能使用要求来考虑空间的分隔和联系外，对分隔和联系的处理，如它的形式、组织、比例、方向、线条、构成以及整体布局等等，郡肘整个空间设计效果有着重要的意义，反映出设计的特色和风格。良好的分隔总是以少胜多，虞实得宜，构成有序，自成体系。

空间的分隔，应该处理好不同的空间关系和分隔的层次。首先是室内外空间的分隔，如入口、天井、庭院，它们与室外紧密联系，体现内外结合及室内空间与自然空间交融等等。其次是内部空间之间的关系，主要表现在封闭和开敞的关系，空间的挣止和流动的关系，空间过搜的关系，空间序列的开合，扬抑的组织关系，表现空间的开放性与私密性的关系以及空间性格的关系。最后是个别空间内部在进行装修、布置家具和陈设时，对空间的再次分隔。这三种分隔层次都应该在整个设计中获得高度的统一。

建筑物的承重结构，如承重塘、柱、剪力墙以及楼梯、电梯井和其他竖向管线井等，都是对空间的固定不变的分隔因素，因此，在划分空间处理时应特别注意它们对空间的影响，非承重结构的分隔材料，如各种轻质隔断、落地罩、博古架、椎慢、家具、绿化等分隔空间，应注意它们构造的牢固性和装饰性。例如，意大利托思卡纳松林里的某住宅，在框架的轨道上作任意的活动分隔变化，住宅的广度是模糊的和不限定的，自然直接伸进住宅，使建筑与自然交织在一起，并创造不同的内部空间感受。

此外，利用天棚、地面的高低变化或色彩、材料质地的变化，可作象征性的空间限定，即上述的虚拟空间的一种分隔方式。

八、空间的过渡和引导

空间的过渡和过渡空间，是根据人们日常生活的需要提出来的，比如：当人们进入自己的家庭时，都希望在门口有块地方放鞋换鞋，放置雨伞、挂雨衣，或者为了家庭的安全性和私密性，也需要进入居室前有块缓冲地带。又如：在影剧院中，为了不使观众从明亮的室外突然进入较暗的观众厅而引起视觉上的急剧变化的不适应感觉，常在门厅，休息厅和观众厅之间设立渐次减弱光线的过搜空间。这些都属于实用性的过渡空间。此外，还有如厂长、经理办公主前设置的秘书接待室，某些餐厅、宴会厅前的休息室，除了一定的实用性外，还体现了某种礼节、规格、档次和身份。凡此种种，都说明过渡空间性质包括实用性、私密性、安全性、礼节性、等级性等多种性质。除此之外，过渡空间还常作为一种艺术手段起空间的引导作用。例如北京和平宾馆门厅和楼梯间之间的踏步处理，对旅馆来说作为交通枢纽的楼梯，应该十分引人注意，设计师在楼梯间入口处延伸出几个踏步，这样，这几个踏步可视为楼梯间向门厅的延伸，使人一进门厅就能醒目地注意到，达到了视线的引导作用，也是门厅和楼梯间之间极好的过渡处理。

过渡空间作为前后空间、内外空间的媒介、桥梁、衔接体和转换点，在功能和艺术创作上，有其独特的地位和作用。过渡的形式是多种多样的，有一定的目的性和规律性，如从公共性至私密性的过渡常和开放性至封闭性过搜相对应，和室内外空间的转换相联系：

公共性——半公共性——半私密性——私密性

开敞性——半开敞性——半封闭性——封闭性

室外——半室外——半室内——室内

过渡的目的常和空间艺术的形象处理有关，如欲扬先抑，欲散先聚，欲广先窄，欲高先低，欲明先暗等。要想达到象文学中所说的"山重水复疑无路，柳暗花明又一村""曲径通幽处，禅房花木深""庭院深深深几许"等诗情画意的境界，恐怕都离不开过渡空间的处理。

过渡空间也常起到功能分区的作用，如动区和静区，净区和污区等的过渡地带。

九、空间的序列

人的每一块活动都是在时空中体现出一系列的过程，静止只 有一定规律性或称行为模式。例如看电影，先要了解电影广告，进而去买票。然后在电影开演前略加休息或做其他准备活动（买小吃、上厕所等），最后观看（这时就相对静止）。看毕后由后门或旁门疏散，看电影这个活动就基本结束。而建筑物的空间设计一般也就按这样的序列来安排，这就是空间序列设计的客观依据。对于更为复杂的活动图，北京和平宾馆门厅是相对和暂时的，这种活动过程都过程或同时进行多种活动，如参加规模较大的展览会，进行各种文娱社会活动和游园等，建筑空间设计相应也要复杂一些，在序列设计上，层次和过程也相对增多。空间序列设计虽应以活动过程为依据，但如仅仅满足行为活动的物质需要，是远远不够的，因为这只是一种"行为工艺过程"的体现而已，而空间序列设计除了按"行为工艺过程"要求，把各个空间作为彼此相互联系的整体来考虑外，还以此作为建筑时间、空间形态的反馈作用于人的一种艺术手段，以便更深刻、更全面、更充分地发挥建筑空间艺术对人心理上、精神上的影响。空间序列布置艺术，是我国建筑文化的一个重要内容。明十三陵是杰出的代表之一，其序列之长可称世界之最。以长陵为例，其空间序列是由神道和建筑本身一部分所组成。神道是入陵的引导部分，设置神道的目的是在到达陵的主体部分前创造一个肃穆庄严的环境。神道是以一座雕刻工整、轮廓线坚强有力的石牌坊开始的，一进来就见陵区大门——大红门，入大红门望见比例严谨的碑亭，亭外四角立白石华表，绕过碑亭，遭旁纵深排列着石人石兽，石兽坐立交替，姿态沉静，后面配以苍山远树，气氛肃穆。

穿过这群石象生，再过一座石牌坊——龙凤门，才踏上通往长陵之路。由石牌坊至长陵，总长有7km，在龙凤门以前的一段路上，每段视线的终点，都适当布置挂筑物、石象生来控制每一段空间，使人一直被笼罩在谒霞的气氛中。因此，空间的连续性和时间性是空间序列的必要条件，人在空间内活动感受到的精神状态是空间序列考虑的基本因素；空间的艺术章法，则是空间序列设计主要的研究对象，也是对空间序列全过程构思的结果。

（一）序列的全过程

序列的全过程一般可以分为下列几个阶段：

（1）起阶段。这个阶段为序列的开端，开端的第一印象在任何时间艺术中无不予以充分重视，因为它预示着将要展开的心理推测有着习惯性的联系。一般说来，具有足够的吸引力是起始阶段考虑的主要核心。

（2）过渡阶段。它既是起始后的承接阶段，又是出现高潮阶段的前奏，在序列中，起到承前启后、继往开来的作用，是序列中关键的一环。特别在长序列中，过渡阶段可以表现出若干不同层次和细微的变化，由于它紧接着高潮阶段，因此对最终高潮出现前所具有的引导、启示、酝酿、期待，乃是该阶段考虑的主要因素。

（3）高潮阶段。高潮阶段是全序列的中心，从某种意义上说，其他各个阶段都是为高潮的出现服务的，因此序列中的高潮常是精华和目的所在，也是序列艺术的最高体现。充分考虑期待后的心理满足和激发情绪达到颠峰，是高潮阶段的设计横心。

（4）终结阶段。由高潮回复到平静，以恢复正常状态是终结阶段的主要任务，它虽然没有高潮阶段那么重要，但也是必不可少的组成部分，良好的结束又似余音缭绕，有利于对高潮的追思和联想，耐人寻味。

（二）不同类型建筑对序列的要求

不同性质的建筑有不同的空间序列布局，不同的空间序列艺术手法有不同的序列设计章法。因此，在现实丰富多样的活动内容中，空间序列设计绝不会是完全像上述序列那样一个模式，突破常例有时反而能获得意想不到的效果，这几乎也是一切艺术创作的一般规律。因此，在我们熟悉、掌握空间序列设计的普遍性外，在进行创作时，应充分注意不同情况下的特殊性。一般说来，影响空间序列的关键在于：

（1）序列长短的选择。序列的长短即反映高潮出现的快慢。由于高潮一出现，就意味着序列全过程即将结束，因此一般说来，对高潮的出现绝不轻易处置，高潮出现愈多，层次必须增多，通过时空效应对人心理的影响必然更加深刻。因此，长序列的设计往往运用于需要强调高潮的重要性、宏伟性与高贵性。

如毛主席纪念堂，在空间序列设计上也作了充分的考虑。瞻仰群众由花岗石台阶拾级而上，经过宽阔庄严的柱库和较小的门厅，到达宽34.6m、深19.3m的北大厅，厅中部高8.5m、两侧高8m，正中设置了栩栩如生的汉白玉毛主席坐像，由此而感到犹似站在毛主席身旁，庄严肃穆，令人引起许多追思和回忆，这对瞻仰遗容在情绪上作了充分的准备和酝酿。为了突出从北大厅到瞻仰厅的入口，南墙上的两扇大门选用名贵的金丝楠木装修，其醒目的色泽和纹理，导向性极强。为了使群众在视觉上能适应由明至暗的过程需要，以及突出瞻仰厅的主要序列（即高潮阶段），在北大厅和瞻仰厅之间，恰当地设置了一个较长的过厅和走道这个过渡空间，这样使瞻仰群众一进入瞻仰厅，感到气氛更比北大厅雅静肃穆。这个宽11.3m、深16.3m、高6m的空间，在尺度上和空间环境安排上，都类似一间日常的生活卧室，使肃穆中又具有亲切感。在群众向毛主席遗容辞别后，进入宽21.4m、深9.8m、高7m的甫大厅，厅内色彩以淡黄色为主，稳重明快，地面铺以大理石，在汉白玉墙面上，镌刻着毛主席亲笔书写的气势磅礴、金光闪闪的《满江红——和郭沫若同志》词，以激励我们继续前进，起到良好的结束作用。毛主席纪念堂并没有完全效仿我国古代的冗长的空间序列和令人生畏的空间环境气氛，仅有五个紧接的层次，高潮阶段在位置上略偏中后，在空间上也不是最大的体量，这和特定的社会条件、建筑性质、设计思想有关，也是对传统序列的一个改革。

F.L.赖特在他的约糖逊制蜡公司营业大厅的设计中，就是在装饰形象上充分地利用于空间序列的原理而取得动人心弦的效果。首先在公司的大门和通廊上运用了一点蘑菇柱的局部。在大门处柱子很矮，且只有半个柱头。在通廊中依然很矮但是整个柱头进了一小步。到了前厅，才看到那修长的、贯穿四层楼的蘑菇柱的优美形象，但它们是和楼层相结合的，并不独立。而最后那片似树林般的蘑菇柱大厅呈现在你面前时，无人不被这壮观的场面所激动。很明显，前面几次不完整形象的出现起到了心理准备和造成悬念的作用，当观者的期待愈大而序列高潮的效果能够满足这种期待时，人们得到的艺术享受愈强烈。正如一些音乐的前奏中包含了许多主属旋律的因素，当前奏终结、主题出现时，欣赏者所得到的感受一样。

对于某些建筑类型来说，采取拉长时间的长序列手法并不合适。例如以讲效率、速度、节约时间为前提的各种交通客站，它的室内布置应该一目了然，层次愈少愈好，通过的时间愈短愈好，不使旅客因找不到办理手续的地点和迂回曲折的出入口而造成心理紧张。

对于有充裕时间进行观赏游览的建筑空间，为迎合游客尽兴而归的心理愿望，将建筑空间序列适当拉长也是恰当的。

（2）序列布局类型的选择。

采取何种序列布局，决定于建筑的性质、规模，地形环境等因素。一般可分为对称式和不对称式，规则式或自由式。空间序列线路，一般可分为直线式、曲线式、循环式、迂回式、盘旋式、立交式等等。我国传统宫廷寺庙以规则式和曲线式居多，而园林别墅以自由式和迂回曲折式居多，这对建筑性质的表达很有作用。现代许多规模宏大的集合式空间，丰富的空间层次，常以循环往复式和立交式的序列线路居多，这和方便功能联系，创造丰富的室内空间艺术景观效果有很大的关系。F.L.赖特的哥根哈根博物馆，以盘旋式的空间线路产生独特的内外空间而闻名于世。

（3）高潮的选择。在某类建筑的所有房间中，总可以找出具有代表性的、反映该建筑性质特征的、集中一切精华所在的主体空间，常常把它作为选择高潮的对象，成为整个建筑的中心和参观来访者所向往的最后目的地。根据建筑的性质和规模不同，考虑高潮出现的次数和位置也不一样，多功能、综合性、规模较大的建筑，具有形成多中心、多高潮的可能性。即便如此，也有主从之分，整个序列似高潮起伏的波浪一样，从中可以找出最高的波峰。根据正常的空间序列，高潮的位置总是偏后，故宫建筑群主体太和殿和毛主席纪念堂的代表性空间瞻仰厅，均布置在全序列的中偏后，闻名世界的长陵布置在全序列的最后。

由波特曼首创共享空间的现代旅馆中庭风靡于世，各类建筑竞相效仿，显然极大地丰富了一般公共建筑中对于高潮的处理，并使社交休息性空间挂到了更高的阶段，这样也就成为全建筑中最引人注目和引人入胜的精华所在。例如广州白天鹅宾馆的中庭，以故乡水为题，山、泉、桥、亭点缀其中，故里乡情，宾至如归，不但提供了良好的游憩场所，而且也满足了一般旅客特别是侨胞的心理需要。像旅馆那样以吸引和招揽旅客为目的的公共建筑，高潮中庭在序列的布置中显然不宜过于隐蔽，相反地希望以此作为显示该建筑的规模、标准和好适程度的体现，常布置于接近建筑入口和建筑的中心位置。这种在短时间出现高潮的序列布置，因为序列短，没有或很少有预示性的过渡阶段，使人由于缺乏思想准备，反而会引起出其不意的新奇感和惊叹感，这也是一般短序列章法的特点。由此可见，不论采取何种不同的序列章法，总是和建筑的目的性一致的，也只有建立在客观需要基础上的空间序列艺术，才能显示其强大的生命力。

（三）空间序列的设计手法

良好的建筑空间序列设计，宛似一部完整的乐章、动人的诗篇。空间序列的不同阶段和写文章一样，有起、承、转、合，和乐曲一样，有主题，有起伏，有高潮，有结束，也和剧作一样，有主角和配角，有矛盾双方的对立面，也有中间人物。通过建筑空间的连续性和整体性给人以强烈的印象、深刻的记忆和美的享受。

但是良好的序列章法还是要靠通过每个局部空间，包括装修、色彩、陈设、照明等一系列艺术手段的创造来实现的，因此，研究与序列有关的空间构图就成为十分重要的问题了，一般应注意下列几方面：

（1）空间的导向性。指导人们行动方向的建筑处理，称为空间的导向性。良好的交通路线设计，不需要指路标和文字说明牌（如"此路不道"），而是用虐筑所特有的语言传递信息，与人对话。许多连续排列的物体，如列柱、连续的柜台，以至装饰灯具与绿化组合等等，容易引起人们的注意而不自觉地随着行动。有时也利用带有方向性的色彩、线条，结合地面和顶棚等的装饰处理，来暗示或强调人们行动的方向和提高人们的注意力。因此，室内空间的各种韵律构图和象征方向的形象性构图就成为空间导向性的主要手法。没有良好的引导，对空间序列是一种严重破坏。

（2）视觉中心。在一定范围内引起人们注意的目的物称为视觉中心。空间的导向性有时也只能在有限的条件内设置，因此在整个序列设计过程中，有时还必须依靠在关键部位设置引起人们强烈注意的物体，以吸引人们的视线，勾起人们向往的欲望，控制空间距离。视觉中心的设置一般是以具有强烈装饰趣味的物件标志，因此，它既有被欣赏的价值，又在空间上起到一定的注视和引导作用，一般多在交通的入口处、转折点和容易迷失方向的关键部位设置有趣的动静雕塑，华丽的壁饰、绘画，形态独特的古玩，奇异多姿的盆景……这是常用为视觉中心的好材料。有时也可利用建筑构件本身，如形态生动的楼梯、金碧辉煌的装修引起人们的注意，吸引人们的视线，必要时还可配合色彩照明加以强化，进一步突出其重点作用。因此，在进行室内装修和陈设布置时，除了美化室内环境外，还必须充分考虑作为视觉中心职能的需要，加以全面安撑。

（3）空间构图的对比与统一。空间序列的全过程，就是一系列相互联系的空间过渡。对不同序列阶段，在空间处理上（空间的大小、形状、方向、明暗、色彩、装修、陈设……）各有不同，以造成不同的空间气氛，但又彼此联系，前后衔接，形成按照章法要求的统一体。空间的连续过渡，前一空间就为后来空间作准备，按照总的序列格局安排，来处理前后空间的关系。一般说来，在高潮阶段出现以前，一切空间过渡的形式可能，也应该有所区别，但在本质上应基本一致，以强调共性，一般应以"统一"的手法为主。但作为紧接高潮前准备的过渡空间，往往就采取"对比"的手法，诸如先收后放，先抑后扬，欲明先暗等等，不如此不足以强调和突出高潮阶段的到来。例如广州中国大酒家，因其入口侧对马路，故将出口大于入口高度的巨大楼座作为进口的强烈标志，旨在正对过路的行人，在处理序列的起始阶段，又采用突出地引起过路人注意的设计手法，同时由于把入口空间的比例压低到在视觉上感到仅能过人的低空间，来与内部高大豪华的中央大厅空间形成鲜明的对比，使人见后发出惊异的赞叹，从而达到了作为高潮的目的，这是一个运用"先抑后扬"的典型例子。由此可见，统一对比的建筑构图原则，同样可以运用到室内空间处理上来。前苏联导演库里肖夫对电影蒙太奇曾下过这样的定义，即"通过各画面的关系，创造出画面本身并未含有的新意"，这对空间序列组织，室内装饰构成，具有十分重要的借鉴意义。

十、空间形态的构思和创造

随着社会生产力的不断发展，文化技术水平的提高，人们对空间环境的要求也将愈来愈高，而空间形态乃是空间环境的基础，它决定空间总的效果，对空间环境的气氛、格调起着关键性的作用。室内空间的各种各样的不同处理手法和不同的目的要求，最终将凝结在各种形式的空间形态之中。人类经过长期的实践，对室内空间形式的创造积累了丰富的经验，但由于建筑室内空间的无限丰富性和多样性，特别对于在不同方向，不同位置空间上的相互渗透和融合，有时确实很难找出恰当的临界范围而明确地划分这一部分空间和那一部分空间，这就为室内空间形态分析带来一定的困难。然而，当人们抓住了空间形态的典型特征及其处理方法的规律，也就可以从浩如烟海、眼花缭乱、千姿百态的空间中理出一些头绪来。

（一）常见的基本空间形态

（1）下沉式空间（也称地坑）。室内地面局部下沉，在统一的室内的空间中就产生了一个界限明确、富有变化的独立空间。由于下沉地面标高比周围的要低，因此有一种隐蔽感、保护感和宁静感，使其成为具有一定私密性的小天地。人们在其中休息、交谈也倍觉亲切，在其中工作、学习，较少受到干扰。同时随着槐点的降低，空间感觉增大，并对室内外景观也会引起不同凡俗的变化，并能适用于多种性质的房间。两个下沉式空间的例子，根据具体条件和不同要求，可以有不同的下降高度，少则一二阶，多则四五阶不等，对高差交界的处理方式也有许多方法，或布置矮墙绿化，或布置沙发座位，或布置书柜、书架以及其他储藏用具和装饰物，可由设计师任意创作。高差较大者应设围栏，但一般来说高差不宜过大，尤其不宜超过一层高度，否则就会如楼上，楼下和进入底层地下室的感觉，失去了下沉空间的童义。

（2）地台式空间。与下沉式空间相反，如将室内地面局部升高也能在室内产生一个边界十分明确的空间，但其功能，作用几乎和下沉式空间相反，由于地面升高形成一个台座，在和周围空间相比变得十分醒目突出，因此它们的用途适宜于惹人注目的展示和陈列或眺望。许多商店常利用地台式空间将最新饰品布置在那里，使人们一进店堂就可一目了然，很好地发挥了商品的宣传作用。美国纽约诺尔新陈列室，以地台方式展出家具，这些色彩鲜明的家具排列紧密，俨然一幅五彩缤纷的立体抽象图案。现代住宅的卧室或起居室虽然面积不大，但也利用地面局部升高的地台布置床位或座位，有时还利用升高的踏步直接当作座席使用，使室内家具和地面结合起来，产生更为简洁而富有变化的新颖的室内空间形态。此外，还可利用地台进行通风换气，改善室内气候环境。

（3）凹室与外凸空间。凹室是在室内局部退进的一种室内空间形态，特别在住宅建筑中运用比较普遍。由于凹室通常只有一面开敞，因此在大空间中自然比较少受干扰，形成安静的一角，有时常把天棚降低，造成具有清静、安全、亲密感的特点，是空间中私密性较高的一种空间形态。根据凹进的深浅和面积大小的不同，可以作为多种用途的布置，在住宅中多数利用它布置床位，这是最理想的私密性位置。有时甚至在家具组合时，也特地空出能布置座位的凹角。在公共建筑中常用凹主，避免人流穿越干扰，获得良好的休息空间。许多餐厅、茶室、咖啡厅，也常利用凹室布置雅座。对于长内廊式的建筑，如宿舍、门诊、旅馆客房、办公楼等，能适当间隔布置一些凹室，作为休息等候场所，可以避免空间的单调感。

凹凸是一个相对概念，如凸式空间就是一种对内部空间而言是凹室，对外部空间而言是向外凸出的空间。如果周围不开窗，从内部而言仍然保持了凹室的一切特点，但这种不开窗的外凸式空间，在设计上一般没有多大意义。除非外形需要，或仅能作为外凸式楼梯、电梯等使用，大部分的外凸式空间希望将建筑更好地伸向自然、水面，达到三面临空，饱览风光，使室内外空间融合在一起，或者为了改变朝向方位，采取的锯齿形的外凸空间，这是外凸式空间的主要优点。住宅建筑中的阳台、日光室都属于这一类。外凸式空间在西洋古典建筑中运用得比较普遍，因其有一定特点，故至今在许多公共建筑和住宅建筑中也常采用。

（4）回廊与挑台。也是室内空间中独具一格的空间形态。回廊常采用于门厅和休息厅，以增强其入口宏伟。壮观的第一印象和丰富垂直方向的空间层次。结合回廊，有时还常利用扩大楼梯休息平台和不同标高的挑平台，布置一定数量的桌椅作休息交谈的独立空间，并造成高低错落、生动别致的室内空间环境。由于挑台居高临下，提供了丰富的俯视视角环境，现代旅馆建筑中的中庭，许多是多层回廊挑台的集合体，并表现出多种多样处理手法和不同效果，借以吸引广大游客。

（5）交错、穿插空间。城市中的立体交通，车水马龙川流不息，显示出一个城市的活力，也是繁华城市壮观的景象之一。现代室内空间设计亦早已不满足于习惯的封闭六面体和静止的空间形态，在创作中也常把室外的城市立交模式引进室内，不但对于大量群众的集合场所如展览馆、俱乐部等建筑，在分散和组织人流上颇为相宜，而且在某些规模较大的住宅也有使用。在这样的空间中，人们上下活动交错川流，俯仰相望，静中有动，不但丰富了室内景观，也确实给室内环境增添了生气和活跃气氛。这里可以回忆赖特的著名建筑落水别墅，其之所以特别被人推崇，除了其他因素之外，不能不指出该建筑的主体部分成功地塑造出的交错式空间构图起到了极其关键性的作用。交错、穿插空间形成的水平、垂直方向空间流通，具有扩大空间的效果。

（6）母子空间。人们在大空间一起工作、交谈或进行其他活动，有时会感到彼此干扰，缺乏私密性，空旷而不够亲切；而在封闭的小房间虽避免了上述缺点，但又会产生工作上不便和空间沉闷、闭塞的感觉。采用大空间内围隔出小空间，这种封闭与开敞相结合的办法可使二者得兼，因此在许多建筑类型中被广泛采用。甚至有些公共大厅如柏林爱乐音乐厅，把大厅划分成若干小区，增强了亲切感和私密感，更好地满足了人们的心理需要。这种强调共性中有个性的空间处理，强调心（人）、物（空间）的统一，是公共建筑设计中的一大进步。现在有许多公共场所，厅虽大，但使用率很低，因为常常在这样的大厅中找不到一个适合于少数几个人交谈、休息的地方。当然也不是说所有的公共大厅都应分小隔小，如果处理不当，有时也会失去公共大厅的性质或分隔得支离破碎，所以按具体情况灵活运用，这是任何母子空间成败的关键。

（7）共享空间。波特曼首创的共享空间，在各国享有盛誉，它以其罕见的规模和内容，丰富多彩的环境，独出心裁的手法，将多层内院打扮得光怪陆离、五彩缤纷。从空间处理上讲，共享大厅可以说是一个具有运用多种空间处理手法的综合体系。现在也有许多象四季厅、中庭等一类的共享大厅，在各类建筑中竞相效仿，相继诞生。但某些大厅却缺乏应有的活力，很大程度上是由于空间处理上不够生动，没有恰当地融汇各种空间形态。变则动，不变则静，单一的空间类型往往是静止的感觉，多样变化的空间形态就会形成动感。波特曼式的共享大厅其特点之一就在于此。

（8）虚拟和虚幻空间。

（二）室内空间设计手法

内部空间的多种多样的形态，都是具有不同的性质和用途的，它们受到决定空间形态的各方面因素的制约，决非任何主观臆想的产物。因此，要善于利用一切现实的客观因素，并在此基础上结合新的构思，特别要注意化不利因素为有利因素，才是室内空间创造的唯一源泉和正确途径。

（1）结合功能需要提出新的设想。许多真正成功的优秀作品，几乎毫无例外地紧紧围绕着"用"字上下功夫，以新的形式来满足新的用途，就要有新的构思。例如荷兰阿佩尔多愚的办公楼，根据希望创造家庭式的气氛的构思，采取小型方便作为基本模型，布置二、三、四层以适应不同要求的工作室，空间亲切，分隔很自由。

（2）结合自然条件，因地制宜。自然条件在各地有许多不同如气候、地形、环境等的差别，特别是建设地段的限制在高度密集的城市中更显著。这种不利条件往往可以转为有利条件，产生别开生面的内外空间，都是在不利的条件下所形成的意想不到的空间关系。阿拉伯皮拉尔某住宅由于地段位置板端困难，从而促使利用非正规的结构技术，10 层建筑支撑在钢筋混凝土圆柱体上，包括电梯和楼梯，每层只有一户，内部空间很别致。

（3）结构形式的创新。结构的受力系统有一般的规律，但采取的形式是可以千变万化的，正像自然界的生物一样，都有同一的结构体系，却反映出千姿百态的类别。这里仅以美国北卡罗来纳达勒姆某公司总部为例，该建筑由于采取平头"A"字形骨架，斜向支承杆件在顶部由横梁连接，使内部空间别具一格。

（4）建筑布局与结构系统的统一与变化。建筑内部空间布局，在限定的结构范围内，在一定程度上既有制约性，又有极大的自由性。换句话说，即使结构没有创新，但内部建筑布局依然可以有所创新，有所变化。例如以统一柱网的框架结构而论，为了使结构体系简单、明确、合理，一般说来，柱网系列是十分规则和简单的，如果完全死板地跟着柱网的进深、开间来划分房间，即结构体系和建筑布局完全相对应。那么，所有房间的内部空间就将成为不同网格倍数的大大小小的单调的空间。但如果不完全按柱网轴线来划分房间，则可以造成很多内部空间的变化。一般有下列方法：

1）柱网和赠筑布局（房间划分）平行而不对应。虽然房间的划分与纵横方向的柱网平行，但不一定恰好在柱网轴线位置上，这样在建筑内部空间上会形成许多既不受柱网开间进深变化的影响，又可以产生许多生动的趣味空间。例如，有的房间内露出一排柱子，有的房间内只有一根或几根柱子：有的房间是对称的，有的则为不对称的等等。而且柱子在房间内的位置也可按偏离柱网的不同而不同，运用这样方法的例子很多。

2）柱网和建筑（分划）成角布置。采用这样的方法非常普遍，它所形成的内部空间和前一方法的不同点在于能形成许许多多非90度角的内部空间，这样除了具有上述的变化外，还打破了千篇一律的矩形平面空间。采用此法中，一般以与柱网成 45度者居多，相对方向的 45度交角又形成了 90度直角，这样在变化中又避免了更多的锐角房间出现。从这种 45度承重的或非承重的墙体布置，最近已发展到家具也采取 45度的布置方法。

3）上下层空间的非对应关系。上述结构和建筑房间分划的关系，主要指平面关系，由于这样的平面变化，室内空间也随之有所改观，但现代赠筑也不以平面上的变化为满足，还希望在垂直方向上同时有所变化和创新。因此，在许多建筑中，经常采用上下空间非对应的布置方式，这种上下层的非对应关系是多种多样的。例如下面一层没有房间，而相对应的上层部位设置房间；或上层房间是纵向的布置，而下层房间却为横向布置；或下层房间小，上层房间大等等。这样有时可能会对结构带来一些麻烦，因此可以考虑调整整体的结构系统，也可以进行局部的变化，这是完全可以做到的。

建筑本身是一个完整的整体，外部体量和内部空间，只是其表现形式的两个方面，是统一的、不能分割的。过去长时期很少从内部空间的要求来考虑建筑，但在研究内部空间的同时，还应该熟悉和掌握现代建筑对外部造型上的一些规棹和特点，那就是：①整体性，强调大的效果；②单一性，强调简洁、明确的效果；③雕塑性，强调完整独立的性格；④重复性，强调单元化，"以一当十"，重复印象；⑤规律性，强调主题符号贯彻始终；⑥几何性，强调鲜明性；⑦独创性，强调建筑个性、地方性，标蔚立异，不予雷同；⑧总体性，强调与环境结合。这些特点都会反映和渗透到内部空间来，设计者要有全局观点和掌握协调内外的本领。

十一、室内空间构图

（一）构图要素

综合室内各组成部分之间关系，将体现出室内设计的基本特征。因此，把任何一个特殊的设计（如家具、灯具等）。作为室内的一个统一体或整体的组成部分来看，而不考虑在色彩、照明、线条、形式、图案、质地或空间之间的相互关系是不可能的。因为这些要素中的某一种，多少在自己的某些方面对整体效果起到一定作用，障光，色将在以后的章节中讨论外，这里仅对下面几个主要因素加以论述：

（1）线条。任何物体都可以找出它的线条组成，以及它所表现的主要倾向。在室内设计中，虽然多数设计蠹由许多线条组成的，但经常是一种线条占优势，并对设计的性格表现起到关键的作用。我们观察物体时，总是要受到线条的驱使，并根据线条的不同形式，使我们获得某些联想和某种感觉，并引起感情上的反应，在希望室内创造一定的主题、情调气氛时，记住这一点是很重要的。线条有两类，直线和曲线，它们反映出不同的效果。直线又有垂直线、水平线和斜线。

1）垂直线。因其垂直向上，表示俐强有力，具有严肃的或者蠹刻恒的男性的效果，垂直线使人有助于觉得房间较高，结合当前居住层高馅低的情况，利用垂直线造成房间较高的感觉是恰当的。

2）水平线。包括接近水平的横斜线，使人觉得宁静和轻松，它有助于增加房间的宽度和引起随和、平静的感觉，水平线常常由室内的桌凳、沙发、床而形成的，或者由于某些家具陈设处于同一水平高度而形成的水平线，使空间具有开阔和完整的感觉。

3）斜线。斜线最堆用，它们好似嵌入空间中活动的一些线，因此它们很可能促使眼睛随其移动。锯哲彤设计基二搔斜线的柜会，运动从而停止。但连续的锯齿形，具有类似波浪起伏式的前进状态。

4）曲线。曲线的变化几乎是无限的，由于曲线的形成是不断改变方位，因此富有动感。不同的曲线表现出不同的情绪和思想，圆的或任何丰满的动人的曲线，给人以轻快柔和的感觉，这种曲线在室内的家具、灯具、花纹织物、陈设品等中，都可以找到。曲线有时能体现出特有的文雅、活泼、轻柔的美感，但若使用不当也可能造成软弱无力和繁琐或动荡和不安定的效果。"S"形曲线是一种较为柔软的曲线形式，曲线运动因其自然的反方向运动面形成对比、有趣，表现出十分优美文雅，许多装饰品如发夹或图案纹样，采用"S"形的很多，"s"形抄发也是其中之一：还有一些灯具也组成"S"形排列。曲线的起止有一定规律，突然中断，会造成不完整、不舒适的感觉，它和直线运动是不一样的。

室内空间的形式，结构、构造等所表现的线条，以及装饰等线条，如门、拱门、堵裙、镶板、线脚、家具、陈设品，图案等，都必须在设计时充分考虑其线条在总体中造成的效果。过多地强调一种形式线条组成，无论是属于哪一种线型，都会造成单调和不愉快。曲线用得过多，显得繁杂和动荡，而当曲线和其他线型相结合时，情况就好得多，看来不觉复杂，且更为悦目。

当然，强调一种线型有助于主题的体现。譬如，一个房间要想松弛、宁静，水平线应占统治地位。家具的形式在室内具有主要地位，某些家具可以全部用直线组成，而另一些家具则可以用直线和曲线相结合组成。此外，织物图案也可以用来强调线条，如条纹、方格花坟和各种几何形状花纹。有时一个房间的气氛可因非常简单的、重要的线条的改变而发生变化，使整个室内大大改观。人们常用垂悬于窗上的织物、装饰性的窗帘钩，去形成优美的曲线。采用蛋形、蚊形、铃形的灯罩也能造成十分别致的效果。

（2）形状和形式。形状（Shape）和形式（Form）两术语通常可以互换，但也有某些不同。如前所述，立方体是一种稳定的形式，但用得过多就单调，球体和曲线组成的空间，更能引人入胜。并且由于强形没有尽端，使空间似乎延长而显得大一些。而一个物体的形式通常也代表了它的用途需要，如按人体工程学要求做的座椅靠背曲线。

在一个房间中仅有一种形式是很少的，大多数室内表现为各种形式的综合，如曲线形的灯罩，直线构成的沙发，矩形的地毯，斜角顶棚或楼梯。

虽器重复是达到韵律的一种方法，但过多地重复一种形式会变得无趣，譬如在一个矩形的墙面，放上一张矩形的桌子，桌上有个矩形的镜子，墙上再有一个矩形的画框……就可能显得太单调。

（3）图案纹样。墙纸、窗帘、地毯、沙发蒙面织物等等，常常以其图案纹样、色彩、质地而吸引顾客去购买。图案纹样几乎是千变万化的，可有不同的线条构成，有各种不同的植物、动物、花卉、几何图案、抽象图案等等。它们常占有室内的极大的面积，在室内报引人注意，用得恰当可以增加趣味，并起到装饰作用，丰富室内景观。采取什么样的图案花纹，其形状、大小、色彩、比例与整个空间尺度也有关系，应与室内总的效果和装饰目的结合起来考虑，例如香山饭店的中庭地毯，采用中国传统的冰纹图案，就和整个建筑的主导思想非常吻合。

（二）构图原则

室内设计在某种意义上来说，就是对形色、质地的选择和布置，其结果也表达了某种个性、风格和爱好。从这点来说，家庭的"设计"则是反映住户或设计者的思想个性。对于设计的综合选择和布置，并没有固定的规则和公式，因为一些规则和公式，将会妨碍个性的自然表现和缺乏创造性。按陈规的和缺乏个性的模仿设计，很快会使人厌烦。但是如果要使设计达到某种效果和目的，对一些基本的原则还是应该考虑的。

（1）协调。设计最基本的是协调，应将所有的设计因素和原则，结合在一起去创造协调。达·芬奇说"每一部分统一配置成整体，从而避免了自身的不完全"，这是最精确的对协调的阐述，伊罗·萨里南察觉到，当你处于统一的建筑中，它"发出的是同样的信息"。

每人都听到在音乐会开始前的乐队调音，因为，如果每个乐师只关心自己的乐器，而不顾总体的音响效果，那么其结果是任何一种音乐都不会悦耳，但当乐队指挥轻打指挥棒时，乐队就变得统一，并且随着指挥的节拍合成曲目。室内设计也是如此，各因素或综合体必须合而为一整体，且每个因素必须对设计的主题和气氛起到一份作用。

当然，要保持一切都是一个样了是很容易达到协调的。但是，采用的形、色质、图案和线条都一样，那就会很单调的。必要的变化给予趣味，然而太多的变化会产生混乱。一个好的室内设计应既不单调又不混乱。在什么地方，怎样采取有趣的变化，并不致破坏由各组成部分的协调是问题的关键，唯一的答案是在于设计必须表现的主题和思想，换句话说，变化应该提高气氛而不是与之相矛盾。

（2）比例。未经训练的人，经常具有天生的良好比例的感觉。例如沙发常自动地布置在紧靠着起居室长靖一边；小妇人避免戴大的帽子和用大的手提包，因为这对她是过重的负担；信笺的书写格式，在纸上不注意空白，对眼睛是个干扰等等。这些例子都说明空间分隔，不是愉快的就是妨碍的，室内设计的各部分比例和尺度，局部和局部、局部与整体，在每天生活中都会遇到，并且运用了这些原则，有时也是无意识的。

当然，许多艺术家具有运用更不寻常比例的经验，并且在现代设计中，发现一种希望背离传统的空间关系。某些建筑师创造了不仅是愉悦的，而且是鼓舞和刺激人心的效果，但也有些人对比例概念并没有真正熟悉和理解，常常采用不恰当的比例，起初似乎很有趣，但不久就失去其感染力。房间的大小和形状，将决定家具的总数和每件家具的大小，一个很小的房间，挤满重而大的家具，既不实用也不美观。在现代的室内，倾向于使用少量的、尺度相当小的家具，以保持空间的开阔、空透的面貌，同时也要避免在房间内的家具看来似乎无关紧要甚至消失。当一组家具具有统一的比例时，就感到舒适，扶手椅和桌子高度一致，既实用又在房间中创造了线条的连贯和统一。

色彩、质地、线条对比例起到重要作用，例如强烈光辉的色彩，使其突出面处于明显的特殊地位。具有反光的和具有图案纹样的质地，也使其显得更重要。通过色彩和质地的对比，更能加强线和形式，垂直线倾向于把物体拉长，水平线造成物体短胖。采用与墙面色彩协调的窗帘和与墙面色彩形成强烈对比的窗帘，可创造出不同的空间比例效果。

（3）平衡。当各部分的质量，围绕一个中心焦点而处于安定状态时称为平衡。平衡对视觉感到愉快，室内的家具和其他的物体的"质量"，是由其大小、形状、色彩、质地决定的。所有这些，必须考虑使其适合于平衡，如果两物大小相同，但一为亮黄色，一为灰色，则前者显得重，粗糙的表面比光滑的显得重，有装饰的比无装饰的要重。当在中心点两边的物体在各方面均相同，称为对称平面，正像在一个具有对称特点的房间，各组家具也对称布置那样，具有静止和稳定性。但对称平衡有时也显得呆板和僵化，不对称的干衡显得活泼生动。体量上的不对称的平衡，常常利用色彩和质地来达到平衡的效果。例如起居室一端为餐室，起居室的家具和餐室的家具，有不同质量大小，在这种情况下，可以通过不同的色彩来进行调整。

（4）韵律。迫使视觉从一部分自然地、顺利地巡槐至另一部分时的运动力量，来自韵律的设计。韵律的原则在产生统一方面极端重要，因为它使眼睛在一特殊焦点上静止前已扫视整个室内，而如果眼睛从一个地点跳至另一地点，其结果是对视觉的不适和最大干扰。在设计中产生韵律的方法有：

①连续的线条。一般房间的设计是由许多不同的线条组成的，连续线条具有流动的性质，在室内经常用于踢脚板、挂镜线、装饰线条的镶边，以及各种在同一高度的家具陈设所形成的线条，如画框顶和窗榴的高度一致，椅子、沙发和桌子高度一致等等。

②重复。通过线条、色彩、形状、光、质地、图案或空间的重复，能控制人们的眼睛按指定的方向运动，虽然垂线能令人眼睛上下看，但一组水平方向布置的垂线，却能使眼睛从这一边看到那一边，即沿着不是垂直的而是水平方向移动。形状的重复也能令人眼睛向某种方向移动，例如一排陈列在墙上的装饰圆盘，可使眼睛从这一点移至另一点；在室内具有明显相同的色彩，质地，图案纹样的织物或家具，由于其重复使用，人们一进室内，

也能很快地被引导到这些物件中来。但应避免重复过多或形成单调，如果同样颜色重复过多，那么也可以通过不同的质地或图案的变化而使之不单调。

③放射。虽然岔开的线，有助于眼睛顺利地从设计的一部分到另一部分，但它们能创造出特殊的气氛和效果来。由中心发出的放射形，常在照明装置、结构部件和许多装饰物中运用。

④渐变。通过一系列的级差变化，可使眼睛从某一级过渡到另一级，这个原则也可通过线条、大小、形状、明暗、图案。质地，色彩的渐次变化而达到。渐变比重复更为生动和有生气。运用渐变方法，或许利用陈设品比用大件家具更容易做到。色彩的渐变多用于某些织物，眼睛将从占优势的强调子向更柔和的调子运动。

⑤交替。任何因素均可交替，白与黑、冷与暖、长与短、大与小、上与下、明与暗……自然界中的白天与夜晚、冬与夏、阴与晴的交替，斑马条纹的深浅交替……这种交替所创造的韵律，是十分自然生动的。在有规律的交替中，意外的变化也可造成一种不破坏整体的统一而独特的风格，例如当黑白条纹交替时，突然出现二条黑条纹，它提供了有趣的变化而不影响统一。

（5）重点。室内的一切布置，如果非常一般化，就会使人感到平淡无味，不能使人获得深刻的印象和美好的回忆。如果根据房间的性质，围绕着一种预期的思想和目的，进行有意识的突出和强调，经过周密的安排、挑选、调整、加强和减弱等一系列的工作，使整个室内主次分明，重点突出，形成一般所谓视觉焦点或趣味中心。在一个房间内可以多于一个趣味中心，但重点太多必然引起混乱。

①趣味中心的选择。这往往决定于房间的性质、风格和目的，也可以按主人的爱好、个性特点来确定。此外，某些房间的结构面貌常自然地成为注意的中心，设有火炉的起居室，常以火

炉为中心突出空内的特点，窗口也常成为视觉的焦点，如果窗外有良好的景色也可利用作为趣味中心。某些卧室把精心设计的床头板附近范围，作为突出卧室的趣味中心。壁画、珍贵陈设品和收藏品，均可引起人们的注意，加强室内的重点。

②形成重点的手法。有许多方法可用来加强对室内重要部分的注意，它们包括：重复，通过异常的大小、质地、线条、色彩、空间、图案形成等的对比，也可以通过物体的布置、照明的运用以及出其不意的非凡的安排来形成重点。此外，体量大的物体也易引起人的特别注意。又如室内以光滑质地占优势的情况下，那一片十分粗糙的质地（如地毯）则容易引起注意。室内空间的特殊形状或结构面貌也常首先引人注意，也可依此利用为趣味中心，切不要去选择那些本来不能引起人注意和兴趣的角落去布置趣味中心。在趣味中心的周围，背景应宁可使其后退而不突出，只有在不平常的位置，利用不平常的陈设品，采用不干常的布置手法，方能出其不意地成为室内的趣味中心。

第二节　室内界面处理

室内界面，即组成室内空间的底面（楼、地面）、侧面（墙面、隔断）和顶面（天顶、天橱）。人们使用和感受室内空间，但通常直接看到甚至触摸到的则为界面实体。从室内设计的整体观念出发，我们必须把空间与界面、"虚无"与实体，这一对"无"与"有"的矛盾，有机地结合在一起来分析和对待。但是在具体的设计进程中，不同阶段也可以各具重点，例如在室内空间组织、于面布局基本确定以后，对界面实体的设计就显得非常突出。室内界面的设计，既有功能技术要求，也有造型和美观要求。作为材料实体的界面，有界面的线形和色彩设计，界面的材质选用和构造问题。此外，现代室内环境的界面设计还需要与房屋室内的设施、设备予以周密的协调，例如界面与风管尺寸及出、回风口的位置，界面与嵌入灯具或灯槽的设置，以及界面与消防喷淋、报警、通讯、音响、监控等设施的接口也极需重视。

一、界面的要求和功能特点

底面、侧面、顶面等各类界面，室内设计时，既对它们有共同的要求，各类界面在使用功能方面又各有它们的特点。

（一）各类界面的共同要求

（1）耐久性及使用期限；

（2）耐燃及防火性能（现代室内装饰应尽量采用不涉及难燃性材料，避免采用燃烧时释放大量浓烟及有毒气体的材料）；

（3）无毒（指散发气体及触摸时的有害物质低于核定剂量）；

（4）无害的核定放射剂量（如某些地区所产的天然石材，具有一定的氧放射剂量）；

（5）易于制作安装和施工，便于更新；

（6）必要的隔热保暖、隔声吸声性能；

（7）装饰及美观要求；

（8）相应的经济要求。

（二）各类界面的功能特点

（1）底面（楼、地面）——耐磨、防滑、易清洁、防静电等；

（2）侧面（墙面、隔断）——挡槐线，较高的隔声、吸声，保暖、隔热要求；

（3）顶面（平顶、天棚）——质轻，光反射率高，较高的隔声、吸声、保暖、隔热要求。

二、界面装饰材料的选用

室内装饰材料的选用，是界面设计中涉及设计成果的实质性的重要环节，它最为直接地影响到室内设计整体的实用性、经济性，环境气氛和美观与否。设计人应熟悉材料质地、性能特点，了解材料的价格和施工操作工艺要求，善于和精于运用当今的先进的物质技术手段，为实现设计构思，创造坚实的基础。

界面装饰材料的选用，需要考虑下述几方面的要求。

1. 适应室内使用空间的功能性质

对于不同功能性质的室内空间，需要由相应类别的界面装饰材料来烘托室内的环境氛围，例如文教、办公建筑的宁静、严肃气氛，娱乐场所的欢乐、愉悦气氛，与所选材料的色彩、质地、光泽、纹理等密切相关。

2. 适合建筑装饰的相应部位

不同的建筑部位，相应地对装饰材料的物理、化学性能，观感等的要求也各有不同。例如对建筑外装饰材料，要求有较好的耐风化、防腐蚀的耐候性能，由于大理石中主要成分为碳酸钙，常与城市大气中的酸性物化合面受侵蚀，因此外装饰一般不宜使用大理石；又如室内房间的属脚部位，由于需要考虑地面清洁工具、家具、器物底脚碰撞时的牢度和易于清洁，因此通常需要选用有一定强度、硒质、易于清洁的装饰材料，常用的粉刷、涂料、靖纸或织物软包等墙面装饰材料，都不能直落地面。

3. 符合更新、时尚的发展需要

由于现代室内设计具有动态发展的特点，设计装修后的室内环境，通常并非是"一劳永逸"的，而是需要更新，讲究时尚。原有的装饰材料需要由无污染、质地和性能更好的、更为新颖美观的装饰材料来取代。界面装饰材料的选用，还应注意"精心设计、巧于用材、优材精用、一般材质新用"。

室内界面处理，铺设或贴置装饰材料是"加法"，但一结构体系和结构构件的建筑室内，也可以做"减法"，如明露的结构构件，利用模板纹理的混握土构件或清水砖面等。例如某些体育建筑、展览建筑、交通建筑的厦面由显示结构的构件构成，有些人们不要直接接触的墙面，可用不加装饰、具有模板纹理的混凝土面或清水砖面等等。

现代工业和后工业社会，"回归自然"是室内装饰的发屉趋势之一，因此室内界面装饰常适量地选用天然材料。即使是现代风格的室内装饰，也常选配一定量的天然材料，因为天然材料具有优美的纹理和材质，它们和人们的感受易于沟通。常用的木材、石材等天然材质的性能和品种示例如下：

木材：具有质轻、强度高、韧性好、热工性能佳且手感、触感好等特点。纹理和色泽优美愉悦，易于着色和油漆，便于加工、连接和安装，但需注意应予防火和防蛀处理，表面的油漆或涂料应选用不致散发有害气体的涂层。

杉木、松木——常用作内衬构造材料，因纹理清晰，现代工艺改性后可作装饰面材；

柳桉——有黄、红等不同品种，易于加工；

水曲柳——纹理美，广泛用于装饰面材；

阿必东——产于东南亚，加工较不易，用途同水曲梆；

桦木——色较淡雅；

枫木——色较淡雅；

橡木——较坚韧，近年来广泛用于家具及饰面；

山毛榉木——纹理美，色较淡雅；

柚木——性能优，耐腐蚀，用于高级地板、台度及家具等。

此外还有雀眼木、桃花心木、樱桃木、花蔡木等，纹理具有材质特色，常以薄片或夹板形式作小面积镶拼装饰面材。

石材：浑实厚重，压强高，耐久、耐唐性能好，纹理和色泽极为美观，且各品种的特色鲜明。其表面根据装饰效果需要，可作凿毛、烧毛、亚光、磨光镜面等多种处理，运用现代加工工艺，可使石材成为具有单向或双向曲面、饰以花色线脚等的异形材质。天然石材作装饰用材时宜注意材料的色差，如施工工艺不当，作业时常留有明显的水渍或色魔，影响美观。

花岗石：

黑色——济南青、福鼎黑、蒙古黑、黑金砂等；

白色——珍珠白、银花白、大花白、森巴白等；

麻黄色——麻石（产于江苏金山、浙江莫干山、福建沿海等地）、金麻石、菊花石等；

蓝色——蓝珍珠、蓝点啡麻（蓝中带麻色）、紫罗兰（蓝中带紫红色）等；

绿色——楼霍绿、宝兴绿、印度绿、绿宝石、幻影绿等；

浅红色——玫瑰红、西丽红、樱花红、幻影红等；

棕红、桔红色——虎皮石、蒙地卡罗、卡门红、石岛红等；

探红色——中国红、印度红、岑溪红、将军红、红宝石、南非红等。

大理石：

黑色——桂林黑、黑白根（黑色中夹以少量白、麻色纹）、晶墨玉、芝麻黑、黑白花（又名残雪，黑底上带少量方解石浮色）等；

白色——汉白玉、雪花白、宝兴白、爵士白、克拉拉白、大花白、鱼肚白等；

麻黄色——锦黄、旧米黄、新米黄、金花米黄、金峰石等；

绿色——丹东绿、莱阳绿（呈灰斑绿色）、大花绿、孔雀绿等；

各类红色——皖螺，铁岭红（东北红）、珊瑚红、陈皮红、挪威虹、万寿红等。

此外还有如宜兴咖啡、奶油色、紫地满天星、青玉石、木纹石等不同花色、纹理的大理石。

三、室内界面处理及其感受

人们对室内环境气氛的感受，通常是综合的、整体的。既有空间形状，也有作为实体的界面视觉感受。

界面的主要因素有室内采光、照明、材料的质地和色彩、界面本身的形状、线脚和面上的图案肌理等（有关采光、照明和室内色彩，将在本书以后章节中论述）。在界面的具体设计中，根据室内环境气氛的要求和材料、设备、施工工艺等现实条件，也可以在界面处理时重点运用某一手法。例如：显露结构体系与构件构成；突出界面材料的质地与纹理；界面凹凸变化造型特点与光影效果；强调界面色彩或色彩构成；界面上的图案设计与重点装饰。

（一）材料的质地

室内装饰材料的质地，根据其特性大致可以分为：天然材料与人工材料；硬质材料与柔软材料；精致材料与粗犷材料。如磨光的花岗石饰面板，即属于天然硬质精致材料，斩假石即属人工硬质粗犷材料等等。

天然材料中的木、竹、藤、麻、棉等材料常给人们以亲切感，室内采用显示纹理的木材、藤竹家具、草编铺地以及粗略加工的墙体面材，粗犷自然，富有野趣，使人有回归自然的感受。

不同质地和表面加工的界面材料，给人们的感受示例：

平整光滑的大理石——整洁、精密；

纹理清晰的木材——自然、亲切；

具有斧痕的假石——有力、粗犷；

全反射的镜面不锈钢——精密、高科技；

清水勾缝砖墙面——传统、乡土情；

大面积灰砂粉刷面——易干、整体感。

由于色彩、线形、质地之间具有一定的内在联系和综合感受，又受光用等整体环境的影响，因此，上述感受也具有相对性。

（二）界面的线形

界面的线形是指界面上的图案、界面边缘、交接处的线脚以及界面本身的形状。

（1）界面上的图案与线脚：界面上的图案必须从属于室内环境整体的气氛要求，起到烘托、加强室内精神功能的作用。根据不同的场合，图案可能是具象的或抽象的、有彩的或无彩的、有主题的或无主题的，图案的表现手段有绘制的、与界面同质材料的，或以不同材料制作。界面的图案还需要考虑与室内织物（如窗帘、地毯、床罩等）的协调。

界面的边缘、交接、不同材料的连接，它们的造型和构造处理，即所谓"收头"，是室内设计中的难点之一。界面的边缘转角通常以不同断面造型的线脚处理，如墙面木台度下的踢脚和上部的压条等的线脚，光洁材料和新型材料大多不作传统材料的线脚处理，但也有界面之间的过渡和材料的"收头"问题。

界面的图案与线脚，它的花饰和纹样，也是室内设计艺术风格定位的重要表达语言。

（2）界面的形状：界面的形状，较多情况是以结构构件、承重墙柱等为依托，以结构体系构成轮廓，形成平面、拱形、折面等不同形状的界面；也可以根据室内使用功能对空间形状的需要，脱开结构层另行考虑，例如剧场、音乐厅的顶界面，近台部分往往需要根据几何声学的反射要求，做成反射的曲面或折面'除了结构体系和功能要求以外，界面的形状也可按所需的环境气氛设计。

（三）界面的不同处理与视觉感受

室内界面由于线型的不同划分、花饰大小的尺度各异、色彩深浅的各样配置以及采用各类材质，都会给人们视觉上以不同的感受。

第八章　室内采光与照明

第一节　采光照明的基本概念与要求

就人的视觉来说，没有光也就没有一切。在室内设计中，光不仅是为满足人们视觉功能的需要，而且是一个重要的美学因素。光可以形成空间，改变空间或者破坏空间，它直接影响到人对物体大小、形状、质地和色彩的感知。近几年来的研究证明，光还影响细胞的再生长、激素的产生、腺体的分泌以及如体温、身体的活动和食物的消耗等的生理节奏。因此，室内照明是室内设计的重要组成部分之一，在设计之初就应该加以考虑。

一、光的特性与视觉效应

光像人们已知的电磁艇一样，是一种能的特殊形式，是具有波状运动的电磁辐射的巨大的连续统一体中的很狭小的一部分。这种射线按其波长是可以度量的，它规定的度量单位是纳米（nm）。电磁波在空间穿行有相同的速率，电磁波波长有很大的不同，同时有相应的频率，波长和频率成反比。人们谈到光，经常以波长做参考，辐射波在它们所含的总的能量上，也是各不相同的（做功的能），辐射波的力量（它们的工作等级）与其振幅（Amplitude）有关。一个波的振幅是它的高或深，以其平均点来度量，象海里的波升到最高峰，并有最深谷，深的波比浅波具有更大的力量。

二、照度、光色、亮度

（一）照度（Intensity llumination）

人眼对不同波长的电磁波，在相同的辐射量（RadiantFlux）时，有不同的明暗感觉。人眼的这个视觉特性称为视觉度，并以光通量（LuminousFlux）作为基准单位来衡量。光通量的单位为流明（1m），光源的发光效率的单位为流明/瓦特（1m/W）。

光源在某一方向单位立体角内所发出的光通量叫作光源在该方向的发光强度（LuminousIntenmty），单位为坎德拉（cd）被光照的某一面上其单位面积内所接收的光通量称为照度，其单位为勒克斯（h）。

（二）光色

光色主要取决于光源的色温（K），并影响室内的气氛。色温低，感觉温暖；色温高，感觉凉爽。一般色温<3300K为暖色，3300K<色温<5300K为中间色，色温>5300K为冷色。光源的色温应与照度相适应，即随着照度增加，色温也应相应提高。否则，在低色温、高照度下，会使人感到酷热；而在高色温、低照度下，会使人感到阴森的气氛。

设计者应联系光、目的物和空间彼此关系，去判断其相互影响。光的强度能影响人对色彩的感觉，如红色的帘幕在强光下更鲜明，而弱光将使蓝色和绿色更突出。设计者应有意识地去利用不同色光的灯具，调整使之创造出所希望的照明效果。如点光源的白炽灯与中间色的高亮度荧光灯相配合。

人工光源的光色，一般以显色指数（Ad）表示，Ra最大值为100，80以上显色性优良，79~50显色性一般；50以下显色性差。

白炽灯Ra=97；卤钨灯Ra=95—99；白色荧光灯Ra=55—85；日光色灯Ra=75—94；高压汞灯Ra=20—20；高压钠灯Ra=20—25；氙灯Ra=90—94。

（三）亮度（Lununous Kadlance）

亮度作为一种主观的评价和感觉，和照度的概念不同，它是表示由被照面的单位面积所反射出来的光通量，也称发光度（Luminosity），因此与被照面的反射度有关。例如在同样的照度下，白纸看起来比黑纸要亮。有许多因素影响亮度的评价，诸如照度、表面特性、视觉、背景等。

（四）材料的光学性质

光遇到物体后，某些光线被反射，称为反射光；光也能被物体吸收，转化为热能，使物体温度上升，并把热量辐射至室内外，被吸收的光就看不见；还有一些光可以透过物体，称透射光。这三部分光的光通量和等于入射光通量。

当光射到光滑表面的不透明材料上，如镜面和金属镜面，则产生定向反射，其入射角等于反射角，并处于同一平面，如果射到不透明的粗糙寝面时，剐产生漫射光。材料的透明度导致透射光离开物质以不同的方式透射，当材料两表面平行，透射光线方向和入射光线方向不变；两表面不平行，则因折射角不同，透过的光线就不平行；非定向光被称为漫射光，是由一个相对粗糙的表面产生非定向的反射，或由内部的反射和折射，以及由内部相对大的粒子引起的。

三、照明的控制

（一）眩光的控制

眩光与光源的亮度、人的视觉有关。成年人坐、立时的正常视角。由强光直射入眼而引起的直射眩光，应采取遮阳的办法，对人工光源，避免的办法是降低光源的亮度、移动光源位置和隐蔽光源。当光源处于眩光区之外，即在视乎线45度角之外，眩光就不严重，遮光灯罩可以隐蔽光源，避免眩光。遮挡角与保护角之和为90度角，遮挡角的标准各国规定不一般为60度角—70度角，这样保护角为30度角—20度角。因反射光引起的反射眩光，决定于光潭位置和工作面或注视面的相互位置，避免的办法是，将其相互位置调整到反射光在人的视觉工作区域之外。当决定了人的视点和工作面的位置后，就可以找出引起反射眩光的区域，在此区域内不应布置光源。从田中可以看出利用倾斜工作面，较之平面不宜布置光源的区域要小。此外，如注视工作面为粗糙面或吸收面，使光扩散或吸收，或适当提高环境亮度，减少亮度对比，也可起到减弱眩光的作用。

（二）亮度比的控制

控制整个室内的合理的亮度比例和照度分配，与灯具布置方式有关。

1.一般灯具布置方式

（1）整体照明：其特点是常采用匀称的镶嵌于天棚上的固定照明，这种形式为照明提供了一个良好的水平面和在工作面上照度均匀一致，在光线经过的空间没有障碍，任何地方光线充足，便于任意布置家具，并适合于空调和照明相结合。但是耗电量大，在能源紧张的条件下是不经济的，否则就要将整个照度降低。

（2）局部照明：为了节约能源，在工作需要的地方才设置光源，并且还可以提供开关和灯光减弱装备，使照明水平能适应不同变化的需要。但在晴的房间仅有单独的光源进行工作，容易引起紧张和损害眼睛。

（3）整体与局部混合照明为了改善上述照明的缺点，将90%—95%的光用于工作照明，5%—10%的光用于环境照明。

（4）成角厢明，是采用特别设计的反射罩，使光线射向主要方向的一种办法。这种照明是由于墙表面的厢明和对表现装饰材料质感的需要而发展起来的。

2.照明地带分区

（1）天棚地带：常用为一般厢明或工作照明，由于天棚所处位置的特殊性，对照明的艺术作用有重要的地位。

（2）周围地带：处于经常的视野范围内，照明应特别需要避免眩光，并希望简化。周围地带的亮度应大于天棚地带，否则将造成视觉的混乱，而妨碍对空间的理解和对方向的识别，并妨碍对有吸引力的趣味中心的识别。

（3）使用地带：使用地带的工作照明是需要的，通常各国颁布有不同工作场所要求的最低照度标准。

上述三种地带的照明应保持微妙的平衡，一般认为使用地带的照明与天棚和周围地带照明之比为2—3或更少一些，视觉的变化才趋向于最小。在工作面上良好的亮度分配，其最大的极限比为10：3：1。

3.室内各部分最大允许亮度比

（1）视力作业与附近工作面之比3：11；

（2）视力作业与周围环境之比10：1；

（3）光源与背景之比20：1；

（4）视野范围内最大亮度比40：1。

美国菲利普照明实验室还对在办公室内整体照明和局部照明之间的比例作了调查，如桌上总照明度为1000X，则整体照明大于50X为好，在35%—50%为尚好，少于35%则不好。

第二节　室内采光部位与照明方式

一、采光部位与光潭类型

（一）采光部位

利用自然采光，不仅可以节约能源，并且在视觉上更为习惯和舒适，在心理上能和自然接近、协调，可以看到室外最色，更能满足精神上的要求，如果按照精确的采光标准，日光完全可以在全年提供足够的室内照明。室内采光效果，主要取决于采光部位和采光口的面积大小和布置形式，一般分为侧光、高侧光和顶光三种形式。侧光可以选择良好的朝向、室外景观，使用维护也较方便，但当房间的进探增加时；采光效果很快降低。

室内采光还受到室外周围环境和室内界面装饰处理的影响，如室外临近的建筑物，既可阻挡日光的射入，又可从墙面反射一部分日光进入室内。此外，窗面对室内说来，可视为一个面光源（AreaSource），它通过室内界面的反射，增加了室内的照度。由此可见，进入室内的日光（昼光）因素由下列三部分组成：

（1）直接天光；

（2）外部反射光（室外地面及相邻界面的反射）；

（3）室内反射光（由天棚、墙面、地面的反射）。

室内不同的黑（暗），白（亮）表面均布置在面向有宙的墙面，其目的在于增加工作面上的亮度。一般白色表面反射系数约为90X，而黑色表面的反射系数约为20%。此外，窗于的方位也影响室内的采光，当面向太阳时，室内所接收的光线要比其他方向的要多。窗子采用的玻璃材料的透射系数不同，则室内的采光效果也不同。

自然采光一般采取遮阳措施，以避免阳光直射室内所产生的眩光和过热的不适感觉。

（二）光潭类型

光源类型可以分为自然光源和人工光源。我们在白天才能感到自然光、昼光。昼光由直射地面的阳光（或称日光）和天空光（或称天光）组成。自然光潭主要是日光，日光的光源是太阳，太阳连续发出的辐射能量相当于约 6000K 色温的黑色辐射体，但太阳的能量到达地球表面，经过了化学元素、水分、尘埃颗粒的吸收和扩散。被大气层扩散后的太阳能能产生蓝天，或称天光，这个蓝天才是作为有效的日光光源，它和大气层外的直接的阳光是不同的。当太阳高度角较低时，由于太阳光在大气中通过的路程长，太阳光谱分布中的短波成分相对减少更为显著，故在朝、暮时，天空呈红色。

当大气中的水蒸气和尘雾多，混浊度大时，天空亮度高而呈白色。

家庭和一般公共建筑所用的主要人工光源是白炽灯和荧光灯，放电灯由于其管理费用较少，近年也有所增加。每一光潭都有其优点和缺点，但和早先的火光和烛光相比，显然是一个很大的进步。

（1）白炽灯。自从爱迪生时代起，白炽灯基本上保留同样的构造，即由两金属支架间的一报灯丝，在气体或真空中发热而发光。在白炽灯光源中发生的变化是增加玻璃罩、漫射罩，以及反射板，透镜和滤光镜等去进一步控制光。

白炽灯可用不同的装攒和外罩制成，一些采用晶亮光滑的玻璃，另一些采用喷砂或酸蚀俏光，或用硅石粉沫涂在灯泡内壁，使光更柔和。色彩涂层也运用于白炽灯，如珐琅质涂层、塑料涂层及其他油溗徐层。

另一种白炽灯为水晶灯或碘灯，它是一种卤钨灯，体积小、寿命长。卤钨灯的光线中都含有紫外线和红外线，因此受到它长期照射的物体都会褪色或变质。最近日本开发了一种可把红外线阻隔、将紫外线吸收的单端定向卤钨灯，这种灯有一个分光轧名可见光的前方，将红外线反射阻隔使物品不受热伤害而变质。

白炽灯的优点：

①光源小、便宜。

②具有种类极多的灯罩形式，并设有轻便灯架、顶棚和墙上的安装用具和隐蔽装置。

③通用性大，彩色品种多。

④具有定向、散射、漫射等多种形式；

⑤能用于加强物体立体感。

⑥白炽灯的色光最接近于太阳光色。

白炽灯的缺点：

①其暖色和带黄色光，有时不一定受欢迎。日本最近制成能吸收波长为570—590nm黄色光的玻璃壳白炽灯，使光色比一般的白炽灯白得多。

②对所需电的总量说来，发出的较低的光通量，产生的热为80％，光仅为20％。

③寿命相对地较短（1000h）。

最近，美国推出一种新型节电冷光灯泡，在灯泡玻璃壳面镀有一层银膜，银膜上面又链一层二氧化钛膜，这两层膜结合在一起，可把红外线反射回去加热钨丝，而只让可见光进过，因而大大节能。使用这种100W的节电冷光灯，只耗用相当于40W普通灯泡的电能。

（2）荧光灯：这是一种低压放电灯，灯管内是荧光粉涂层，它能把紫外线转变为可见光，并有冷白色（CW）、暖白色（WW）、Deluxe冷白色（CWX）、Deluxe暖白色（WWX）和增弸光等。荫色变化是由首内荧光粉涂层方式控制的。Deluxe暖白色最接近于白炽灯，Delux管放射更多的红色，荧光灯产生均匀的散射光，发光效率为白炽灯的1000倍，其寿命为白炽灯的10～15倍，因此荧光灯不仅节约电，而且可节省更换费用。日本最近推出贴有告知更换时间膜的环形荧光灯。当荧光灯寿命要结束时，亮度减低而电力消耗增大，该灯根据膜的颜色由黄变成无色，即可确定为最佳更换时间。

日光灯一般分为三种形式，即快速起动、预热起动和立刻起动，这三种都为热阴极机械起动。快速起动和预热起动管在灯开后，短时发光，立刻起动管在开灯后立刻发光，但耗电稍多。由于日光灯管的寿命和使用起动辅率有直接的关系，从长远的观点看，立刻起动管花费较多，快速起动管在电能使用上似乎最经济。在 Deluxe 灯和常规灯中，日光灯管都是通用的，Deluxe灯在色彩感觉上有优越性（它们放光更红），但约损失1／3的光。因此，从长远观点看是不经济的。

（3）氖管灯：（霓虹灯）霓虹灯多用于商业标志和艺术照明，近年来也用于其他一些建筑。形成霓虹灯的色彩变化是由管内的荧粉涂层和充满管内的各种混合气体。霓虹灯是相当费电的，但很耐用。

（4）高压放电灯：高压放电灯至今一直用于工业和街道照明。小型的在形状上和白炽灯相似，有时稍大一点，内部充满汞蒸气、高压钠或各种蒸气的混合气体，它们能用化学混合物或在管内涂荧光粉涂层，校正色彩到一定程度。高压水银灯冷时趋于蓝色，高压钠灯带黄色，多蒸气混合灯冷时带绿色。高压灯都要求有一个镇流界，这样最经济，因为它们产生很大的光量和发生很小的热，并且比日光灯寿命长 50%，有些可达 24000h。

不同类型的光源，具有不同色光和显色性髌，对室内的气氛和物体的色彩产生不同的效果和影响，应按不同需要选择。

二、照明方式

对裸露的光源不加处理，既不能充分发挥光源的效能，也不能满足室内照明环境的需要，有时还能引杜眩光的危害。直射光、反射光、漫射光和进射光，在室内照明中具有不同用处。在一个房间内如果有过多的明亮点，不但互相干扰，而且造成能源的浪费，如果漫射光过多，也会由于缺乏对比而造成室内气氛平淡，甚至因其不能加强物体的空间体量而影响人对空间的错误判断。

因此，利用不同材料的光学特性，利用材料的透明、不透明、半透明以及不同表面质地制成各种各样的照明设备和照明装置，重新分配照度和亮度，根据不同的需要来改变光的发射方向和性能，是室内照明应该研究的主要问题。例如利用光亮的镀银的反射罩作为定向照明，或用于雕塑、绘画等的豪光灯，利用经过酸蚀剂或喷砂处理成的毛玻璃或坦料灯罩，使形成漫射光来增加室内柔和的光线等。

用明方式按灯具的散光方式分为以下几种。

（一）间接照明

由于将光源遮蔽而产生间接照明，把90％—100％的光射向顶棚、穹窿或其他表面，从这些表面再反射至室内。当间接照明紧掌顶棚，几乎可以造成无阴影，是最理想的整体照明。从顶棚和墙上端反射下来的间接光，会造成天棚升高的错觉，但单独使用间接光，则会使室内平淡无趣。

上射照明是间接照明的另一种形式，筒形的上射灯可以用于多种场合，如在房角地上、沙发的两端、沙发底部和植物背后等处。上射照明还能对准一个雕塑或植物，在塘上或天棚上形成有趣的影子。

（二）半间接照明

半间接照明将60％～90％的光向天棚或墙上部照射，把天棚作为主要的反射光源，而将10％～40％的光直接照于工作面。从天棚来的反射光，趋向于软化阴影和改善亮度比，由于光线直接向下，照明装置的亮度和天棚亮度接近相等。具有漫射的半间接照明灯具，对阅读和学习更可取。

（三）直接间挂照明

直接间接照明装置，对地面和天棚提供近于相同的照度，即均为40％～60％，而周围光线只有很少一点。这样就必然在直接眩光区的亮度是低的。这是一种同时具有内部和外部反射灯泡的装置，如某些台灯和落地灯能产生直接间接光和漫射光。

（四）漫射照明

这种照明装置，对所有方向的照明几乎都一样，为了控制眩光，漫射装置要大，灯的瓦数要低。

上述四种照明，为了避免天棚过亮，下吊的照明装置的上沿至少低于天棚30.5～46cm。

（五）半直接照明

在半直搂照明灯具装置中，有60％～90％光向下直射到工作面上，而其余10％～40％光则向上照射，由下射照明软化阴影的光的百分比很少。

（六）宽光束的直接照明

具有强烈的明暗对比，并可造成有趣生动的阴影，由于其光线直射于目的物，如不用反射灯泡，要产生强的眩光。鹅颈灯和导轨式照明属于这一类。

（七）高集光束的下射直接照明

因高度集中的光束而形成光焦点，可用于突出光的效果和强调重点的作用，它可提供在墙上或其他垂直面上充足的亮度，但应防止过高的亮度比。

第三节　室内照明作用与艺术效果

当夜幕降临的时候，就是万家灯火的世界，也是多数人在白天繁忙工作之后希望得到休息娱乐以消除疲劳的时刻，无论何处都离不开人工照明，也都需要用人工照明的艺术魅力来充实和丰富生活的内容。无论是公共场所或是家庭，光的作用影响到每一个人，室内照明设计就是利用光的一切特性，去创造所需要的光的环境，通过照明充分发挥其艺术作用，并表现在以下四个方面。

一、创造气氛

光的亮度和色彩是决定气氛的主要因素。我们知道光的刺激能影响人的情绪，一般说来，亮的房间比暗的房间更为刺激，但是这种刺激必须和空间所应具有的气氛相适应。极度的光和噪声一样都是对环境的一种破坏。据有关调查资料表明,荧屏和歌舞厅中不断闪烁的光线使体内维生京A遭到破坏,导致视力下降。同时,这种射线还能杀伤白细胞,使人体免疫机能下降。适度的愉悦的光能激发和鼓舞人心,而柔弱的光令人轻松而心旷神怡。光的亮度也会对人心理产生影响,有人认为对于加强私密性的谈话区照明可以将亮度减少到功能强度的1/5。光线弱的灯的位置布置得较低的灯,使周围造成较暗的阴影,天棚显得较低,使房间似乎更亲切。

不同色彩的透明或半透明材料,在增加室内光色上可以发挥很大的作用,在国外某些餐厅既无整体照明,也无桌上吊灯,只用柔弱的星星点点的烛光照明来渲染气氛。

由于色彩随着光线的变化而不同,许多色调在白天阳光照耀下,显得光彩夺目,但日暮以后,如果没有适当的照明,就可能变得暗淡无光。因此,德国巴斯鲁大学心理学教授马克思·露西雅谈到利用照明时说,“与其利用色彩来创造气氛,不如利用不同程度的照明,效果会更理想”。

二、空间感和立体感

空间的不同效果,可以通过光的作用充分表现出来。实验证明,室内空间的开敞性与光的亮度成正比,亮的房间感觉要大一点,暗的房间感觉要小一点,充满房间的无形的漫射光,也使空间有无限的感觉,而直接光能加强物体的阴影,光影相对比,能加强空间的立体感。以点光源照亮粗糙墙面,使墙面质感更为加强,通过不同光的特性和室内亮度的不同分布,使室内空间显得比用单一性质的光更有生气。可以利用光的作用,来加强希望注意的地方,如趣味中心,也可以用来削弱不希望被注意的次要地方,从而进一步使空间得到完善和净化。许多商店为了突出新饰品,在那里用亮度较高的重点照明,而相应地削弱次要的部位,获得良好的照明艺术效果。照明也可以使空间变得实和虚，许多台阶照明及家具的底部照明，使物体和地面"脱离"，形成悬浮的效果，而使空间显得空透、轻盈。

三、光影艺术与装饰照明

光和影本身就是一种特殊性质的艺术，当阳光透过树梢，地面洒下一片光斑，疏疏密密随风变幻，这种艺术魅力是难以用语言表达的。又如月光下的粉墙竹影和风雨中摇晃着的吊灯的影子，却又是一番滋味。自然界的光影由太阳月光来安排，而室内的光影艺术就要靠设计师来创造。光的形式可以从尖利的小针点到漫无边际的无定形式，我们应该利用各种照明装置，在恰当的部位，以生动的光影效果来丰富室内的空间，既可以表现光为主，也可以表现影为主，也可以光影同时表现。利用不同的虚实灯罩把光影洒到各处。光影的造型是千变万化的，主要的是在恰当的部位，采用恰当形式表达出恰当的主题思想，来丰富空间的内涵，获得美好的艺术效果。

装饰照明是以照明自身的光色造型作为观赏对象，通常利用点光源通过彩色玻璃射在墙上，产生各种色彩形状。用不同光色在墙上构成光怪陆离的抽象"光画"，是表示光艺术的又一新领域。

四、照明的布置艺术和灯具造型艺术

光既可以是无形的，也可以是有形的，光源可隐藏，灯具却可暴露，有形、无形都是艺术。某餐厅把光源隐蔽在辜墙座位背后，并利用螺旋形灯饰，造成特殊的光彰效果和气氛，把灯具设计与室内装修相结合，并作为入口大厅的入厅序曲，创造了现代室内设计的新景观。

大范围的照明，如天棚、支架照明，常常以其独特的组织形式来吸引观众，如某商场以连续的带形照明，使空间更显舒展。某酒吧利用环形玻璃晶体吊饰，其造型与家具布置相对应，并结合绿化，使空间富丽堂皇。某练习室照明、通风与屋面支架相结合，富有现代风格。采取"团体操表演"方式来布置灯具，是十分雄伟和惹人注意的。它的关键不在个别灯臂、灯泡本身，而在于组织和布置。最简单的荧光灯管和白炽小灯泡，一经精心组织，就能显现出千军万马的气氛和壮丽的景色。

　　天棚是表现布置照明艺术的最重要场所，因为它无所遮挡，稍一抬头就历历在目。因此，室内照明的重点常常选择在天棚上，它像一张白缟可以做出丰富多彩的艺术形式来，而且常常结合建筑式样，或结合柱子的部位来达到照明和建筑的统一和谐。将荧光灯管与廊柱造型相结合的裸露布置，形成富有韵律的效果。常见的天棚照明布置，有成片式的、交错式的、井格式的、带状式的，放射式的、围绕中心的重点布置式的等等。在形式上应注意它的图案、形状和比例，以及它的韵律效果。灯具造型一般以小巧、精美，雅致为主要创作方向，因为它离人较近，常用于室内的立灯、台灯。某旅馆休息室利用台灯布置，形成视觉中心。灯具造型，一般可分为支架和灯罩两大部分进行统一设计。有些灯具设计重点放在支架上，也有些把重点放在灯罩上，不管哪种方式，整体造型必须协调统一。现代灯具都强调几何形体构成，在基本的球体、立方体、圆柱体、角锥体的基础上加以改造，演变成千姿百态的形式，同样运用对比、韵律等构图原则，达到新韵、独特的效果。但是在选用灯具的时候一定耍和整个室内一致、统一，决不能孤立地评定优劣。

　　由于灯具是一种可以经常更换的消耗晶和装饰品，因此它的美学观近似日常日用品和服饰，具有光行性和变换性。由于它的构成简单，显得更利于创新和突破，但是市面上现有类型不多，这就要求照明设计者每年做出新的产品，不断变化和更新，才能满足群众的要求，这也是小型灯具创作的摹本规律。

第四节　建筑照明

考虑室内照明的布置时应首先考虑使光源布置和建筑结合起来，这不但有利于利用顶面结构和装饰天棚之间的巨大空间，隐藏照明管线和设备，而且可使建筑照明成为整个室内装修的有机组成部分，达到室内空间完整统一的效果，它对于整体照明更为合适。通过建筑照明可以照亮大片的窗户、墙、天棚或地面，荧光灯管很适用于这些照明，因它能提供一个连贯的发光带，白炽灯泡也可运用，发挥同样的效果，但应避免不均匀的现象

一、窗帘照明（ValanceLighting）

将荧光灯管安置在窗帘盒背后，内漆白色以利反光，光源的一部分朝向天棚，一部分向下用在宙帘或墙上，在窗帘顶和天棚之间至少应有25.4cm空间，窗帘盒把设备和窗帘顶部隐藏起来。

二、花槽反光（CorniceLighting）

用作整体照明，槽板设在墙和天棚的交接处，至少应有 15 * 24cm 深度，荧光灯板布置在槽板之后，常采用较冷的荧光灯管，这样可以避免任何墙的变色。为使有最好的反射光，面板应涂以无光白色，花槽反光对引人注目的壁画、图画、墙面的质地是最有效的，在低天棚的房间中，特别希望采用。因为它可以给人天棚高度较高的印象。

三、凹槽口照明（CoveLighting）

这种槽形装置，通常靠近天棚，使光向上照射，提供全部漫射光线，有时也称为环境照明。由于亮的漫射光引起天棚表面似乎有退远的感觉，使其能创造开敞的效果和平静的气氛，光线柔

和。此外，从天棚射来的反射光，可以缓和在房间内直接光源的热的集中辐射。

四、发光墙架（LightedWallBracket）

由墙上伸出之悬架，它布置的位置要比窗帘照明低，并和窗无必然的联系。

五、底面用明（SoffitLighting）

任何建筑构件下部底面均可作为底面照明，某些构件下部空间为光源提供了一个遮蔽空间，这种照明方法常用于浴室、厨房、书架、镜子、壁龛和搁板。

六、龛孔（下射）照明（RecesseddownLighting）

将光潭隐蔽在凹处，这种照明方式包括提供集中用明的嵌板固定装置，可为圆的，方的或矩形的金属盘，安装在顶棚或墙内。

七、泛光照明（WallWashing）

加强垂直埔面上照明的过程称为泛光照明，起到柔和质地和阴影的作用。泛光照明可以有其他许多方式。

八、发光面板（TranslucentPanels）

发光面板可以用在墙上、地面、天棚或某一个独立装饰单元上，它将光源隐蔽在半透明的板后。发光天棚是常用的一种，广泛用于厨房、浴室或其他工作地区，为人们提供一个舒适的无眩光的照明。但是发光天棚有时会使人感觉好像处于有云层的阴暗天空之下。自然界的云是令人情快的，因为它们经常流动变化，提供视觉的兴趣。而发光天橱则是静态的，因此易造成阴暗和抑郁。在教室、会议室或类似这些地方，采用时更应小心，因为发光天棚迫使眼睛引向下方，这样就易使人处于睡眠状态。另外，均匀的照度所提供的垦较差的立体感视觉条件。

九、导轨照明（TrackLighting）

现代室内，也常用导轨照明，它包括一个凹槽或装在面上的电缆槽，灯支架就附在上面，布置在轨道内的圆辊可以很自由地转动，轨道可以连接或分段处理，做成不同的形状。这种灯能用于强调或平化质地和色彩，主要决定于灯的所在位置和角度。要保持其效果最好。高墙远时，使光有较大的伸展，如欲加强靖面的光辉，应布置高墙$15 \times 24 \sim 20 \times 32$cm处，这样能创造视觉焦点和加强质感，常用于艺术照明。

十、环境照明（AmbientLighting）

照明与家具陈设相结合，最近在办公系统中应用最广泛，其光源布置与完整的家具和活动隔断结合在一起。家具的无光光洁度面层，具有良好的反射光质量，在满足工作照明的同时，适当增加环境照明的需要。家具照明也常用于卧室、图书馆的家具上。

第九章　室内色彩与材料质地

第一节　色彩的基本概念

色彩，它不是一个抽象的概念，它和室内每一物体的材料、质地紧密地联系在一起。人们常常有这个概念，在绿色的田野里，即使在很远的地方，也能很容易发现穿红色服装的人，虽然还不能辨别是男是女，是老是少，但也充分说明色彩具有强烈的信号，起到第一印象的观感作用。当我们在打扮得五彩缤纷的大厅里联欢时，会备感欢乐并充满节日的气氛；我们在游山玩水的时候，若不巧遇上阴天，面对阴暗灰淡的景色会觉得扫兴。这些都表明，色彩能支配人的感情。

色彩能随着时间的不同而发生变化，微妙地改变着周围的景色，如在清晨、中午、傍晚、月夜，景色都很迷人，主要是因光色的不同而各具特色。一年四季不同的自然景观，丰富着人们的生活。色彩的这些特点，很快地吸引了人们的注意，并运用到室内设计中来。早在 1942年布雷纳德和梅西对不同色彩的顶棚、墙面的照度利用系数方面做了研究，穆恩还对墙面色彩效果作了数学分析，指出当墙面反射增加至 9 倍时，照度增加 3 倍，并进一步说明相同反射系数的色彩或非色彩表面，在相同照度下是一样亮的，但在室内经过"相互反射"，从天棚和墙经过多次反射后达到工作面，使用色彩表面比无色彩表面照度更大。但色彩现象是发生在人的视觉和心理过程的，关于色彩的相互关系、色彩的偏爱等许多问题还不能得到真正的解决，有待于进一步的研究。

一、色彩的来源

光是一切物体的颜色的唯一来源，它是一种电磁波的能量，称为光波。在光波波长380～780nm内，人可察觉到的光称为可见光。它们在电磁波巨大的连续统一体中，只占极狭小的一部分。光刺激到人的视网膜时形成色觉，因此我们通常见到物体颜色，是指物体的反射颜色，没有光也就没有颜色。物体的有色表面，反射光的某种波长可能比反射其他的波长要强得多，这个反射得最长的波长，通常称为物体的色彩。表面的颜色主要是从入射光中减去（被吸收、透射）一些波长而产生的，因此感觉到的颜色，主要决定于物体光波反射率和光潭的发射光谱。

二、色彩三属性

色彩具有三种属性，或称色彩三要素，即色相、明度和彩度，这三者在任何一个物体上是同时显示出来的，不可分离的。

（一）色相

说明色彩所呈现的相貌，如红、橙、黄、绿等色，色彩之所以不同，决定于光波波长的长短，通常以循环的色相环表示。

（二）明度

它表明色彩的明暗程度。决定于光波之波幅，波幅愈大，亮度也盒大，但和波长也有关系。通常从黑到白分成若干阶段作为衡量的尺度，接近白色的明度高，接近黑色的明度低。

（三）彩度

彩度即色彩的强弱程度，或色彩的纯净饱和程度。因此，有时也称为色彩的纯度或饱和度。它决定于所含波长的单一性还是复合性。单一波长的颜色彩度大，色彩鲜明；混入其他波长时彩度就减低。在同一色相中，把彩度最高的色称该色的纯色，色相环一般均用纯色表示。

三、色标体系

根据上述的色彩三属性，可以制成包括一切色彩的三度立体模型，称为色立体或色标。根据不同色彩体系制成的各种色立体形状虽不同，但都以同一原则为根据，即其中垂直轴为最亮的白到最暗的黑的明度标度，和赤道线（或相当于赤道线的多轮廓线）为处于中间明度水干的诸色相的标度。在中心垂直轴上，从黑到白称为五彩色，中心轴以外的各种颜色均为有彩色。色立体的每一个水平切面，代表处于一定明度水平（等级）的可供采用的全部色阶，越接近切面的外边，闻色越饱和，即彩度越高，越接近中央轴线，其中椿合同一明度的灰就越多，即彩度越低。

常用的有美国孟塞尔以红R、黄Y、绿G、蓝B、紫P五色为主要色相和5种中间色相黄红YR、绎黄GY、蓝绿NC、紫蓝PB、红紫RP的10色相环的色标，德国的奥斯特瓦尔德以8色为主要色相的24色相环的双圆锥体色标以及日本的以6色为主要色相的24色相环的色标。色立体形状规则，表明给理论上被认为是可能的颜色留出空白，而形状不规则的则表明可供人们所支配的颜料所能调出的颜色。

色标常用在油漆、印染工业。可利用它作为对任何一个颜色进行客观鉴别的参考，并指明哪些颜色是相互协调的。但对设计者来说，在解决总的环境问题上没有重要价值。

色彩的标定方法，以蒙塞尔色标为例：

HV / C

其中：H为色相，V为明度；C为彩度。

孟塞尔色相沿水平面的各个方向包括5种主要色相和5种中间色相：

主要色相：红R，黄Y，绿G，蓝B，紫P。

中间色相：黄红YR，绿黄GY，蓝绿BC，紫蓝PB，红紫RP。

各种色相可细分为10个等级，全部分成100，每一种主要色相和中间色相的等级都定为5，对每一种色相便有2.5，5，7.5，1。四个色相级，共40个。

无彩色标标定方法，用黑白系列中性色N表示，N的后面写出明度，如N5表明明度为5的中性灰色。

四、色彩的混合

（1）原色：红黄青称为三原色，因为这三种颜色在感觉上不能再分割，也不能用其他蘑色来调配。蓝不是原色，因为蓝就是青紫，蓝里有红的成分，而其他色彩不能调制成青色，因此青才是原色。

（2）间色：或称二次色，由两种原色调制成的，即红＋黄＝橙，红＋青＝紫，黄＋青二绿，共三种。

（3）复色：由两种间色调制成的称为复色，即橙十紫＝橙紫，橙＋绿＝橙绿，紫十绿＝紫绿。

（4）补色，在三原色中，其中两种原色调制成的色（间色）与另一原色，互称为补色或对比色，即红与绿、黄与紫、青与橙。

这里应说明的是颜料的混合称减色混合，而光混合称加色混合，因为光混合是不同波长的重叠，每一种色光本身的波长并未消失。三原色的颜色混合成黑色，光色混合成白色。黄色光＋青色光＝灰色或白色，黄颜料＋青颜料＝绿色。此外，纯色加白色称为清色，纯色加黑色称为暗色，纯色加灰色称为浊色。

五、图形色与背景色

当我们知道色彩的产生和形成后，更重要的是应该知道如何去运用色彩和如何正确地处理色彩间的相互关系。色彩中最基本的也是最普遍的关系就是图底关系，或称图形色或背景色，如果没有这种关系，我们就无法辨认任何事物。成为可以辨认的图形色的规律是：

（1）小面积色比大面积色成为图形的机会多；

（2）被围绕着的色彩比围绕的色彩作为图形的机会多；

（3）静止的比动态的作图形的机会多，当然也需按具体情况而论，在一定条件下是可以转化的；

（4）简单而规则的比复杂而不规则的作为图形的机会多。

基于上述关系，就引申出色彩的可读性和注目性。同样的色彩，在不同的背景下，效果是不同的。例如底色为白色，则绿色比黄色可读性大。而色彩的注目性，一般认为决定于明槐度。而可读性高，注目性也相对提高。

其次，富有刺激性的暖色系，注目性占优势，其顺序为朱红、赤红、橙、金黄、黄、青、绿、黑、紫、灰，此外白色作为背景，注目性就没有黑色强。

在绘画中，色彩群化的对立现象，常为表现派、野兽派所运用。而色彩群化的融合现象，则是印象派乐于表现的。

在艺术设计中，色彩是一个不可或缺的构成要素。从表现的意义上说，色彩也是一种重要的表现手段。一切造型都离不开色彩，或者说，都要通过色彩来表现。

色彩对人的感官有着非常直接的影响，并能够激发人的各种联想、想象和情感。可以说，在一切设计元素中，色彩是最具表现力的原色。色彩不仅可以强化造型的效果，而且它本身就具有很高的审美价值。

六、光源色与物体色的关系

任何物体对于投照的全色光都有充分地选择、吸收、反射的机会，光源投照在不同的物质上，不透明物质和半透明物质为反射，而透明物质为透射。有人曾做过实验，当白色光线照射到和色大绒上时，体面把白色光全部吸收；用红色光线照射黑色大绒时，由于黑色能吸收所有的色光，所以还显示为黑色。

第二节 色彩的自然属性

我们今天在艺术设计中使用各种色彩并对各种色彩进行不同组合，是建立在对各种天然色彩认识的基础之上的。虽然在不同的色彩设计中，表现着不同的文化传统和审美趣味，但要成功进行色彩设计，首先必须形成正确的色彩意识和敏锐的色彩感觉。

一、色相、明度和纯度

（一）色相

色相即色彩的相貌。色相又称色种，即颜色的种类，如赤、橙、黄、绿、青、蓝、紫等。从光学的意义上说，色相又是波长的别名，不同的波长表现为不同的色相。色相的感觉是由波长决定的，只要色彩的波长相同，色相就相同，波长不同才产生色相的差别。

（二）明度

明度，即色彩的明暗程度。明度又称光度、亮度或明暗度。光度是相对于光源色而言的，而亮度则是相对于物体色而言的。关于什么是光源色和物体色在稍后作介绍。明度是全部色彩都具有的属性，任何色彩都可以还原为明度关系来思考，明度关系是搭配色彩的基础。

（三）纯度

纯度，即颜色本身的纯净程度，又称饱和度、鲜艳度或显明度。我们通常使用"纯度"一词，往往是指一种色相与其他色相的混合程度（包括与灰色的混合程度）。一种颜色混入它色越少，其纯度越高，反之则低。

不同的色相，不但明度不相等，纯度也不相等。例如，纯度最高的是红色，其次是黄色，绿色的纯度较低。

同一色相的纯度变化系列是通过一个水平的直线纯度色阶表示的，它表示一个颜色从它的最高纯度色（最鲜艳色）到最低纯度色（中性灰）之间的鲜艳与混浊的等级变化。

（四）各属性之间的关系

色相、明度、纯度三要素，既相互区别，又彼此关联，它是任何一种色彩都具有的特性。

不同的色相对应有不同的明度和纯度。对一种色相而言，加入另一色来使明度提高或降低，纯度则降低。如红色，加入一定量的白色，则明度随着提高，但纯度则必定降低。反过来说，随着明度、纯度的变化，色相也呈现出不同的色彩灰、中灰、浅灰等。

二、光源色和物体色

前面在谈到明度概念时，涉及光源色与物体色两个概念，在这里作一下简要介绍。

（一）光源色

由各种光源发出的光，其光波的长短、强弱、比例、性质不同，形成了不同的色光，叫做光源色。光源色有单色光和复色光之分。只含有某一波长的光是单色光，含有两种以上波长的光是复色光。含有所有波长的光则成为全色光，这是一种特殊的复色光。

（二）物体色

光源色经物体的吸收、反射，反映到视觉中的光色感觉即形成物体色。我们日常看到的那些不发光的物体呈现出的色彩都称为物体色。由于光源色的不同，或物体本身的材质或表面肌理不同，会引起物体色的不同。这是我们在进行色彩设计时必须考虑的重要因素。

物体的色彩决定光源的色彩和不同质的物体对光的选择吸收

与反射的能力。把握光源色与物体色两者的关系，在各种艺术设计中都有利于我们设计出好的色彩效果。

三、色彩的混合

（一）原色

不能用其他色混合而成的色彩叫原色。原色又分色光的三原色与物体色的三原色两种类型。

将红、绿蓝、紫三种色光作适当比例的混合，大体上可以得到全部的色。这三种色光是混合其他色光所不能得到的，所以称其为色光的三原色。这三种原色因由一到二、由二到三的混合而增加明度，因此，又叫加色法原色。

将适当比例的色光三原色混合，可以得到下列各色：

红＋绿——橙、黄、黄绿的纯色

绿紫＋红——紫、红紫的纯色

红＋绿＋蓝紫——白、各色相的淡色

物体色的三原色是指红（紫）、绿（蓝绿）、黄三色。将这三色按适当比例混合可得到许多颜色。又由于物体色的三原色越混合就会越浑浊和昏暗，所以又称这三原色为减色法的原色。

将适当比例的物体三原色作混合，可得到下列各颜色：

红紫＋黄——红、橙的纯色或浊色

黄＋蓝绿——黄绿、绿的纯色或浊色

蓝绿＋红紫——蓝、蓝紫、紫的纯色或浊色

红紫＋黄＋蓝绿——黑灰色、各色相的暗浊色

色光三原色不同于物体色的三原色。在色光三原色中，红和绿混合可以得出黄色，可是对颜料来说，红与绿混合则成为黑浊色。而且，颜料的黄色根本不能靠其他色的混合得到。

另外，相对于原色，由原色混合所产生的颜色叫作间色。间色又称第二次色，是两种原色混合而成的，如红＋黄=橙，红＋青=紫，还有复色，又称第三次色或再间色。

关于原色，有各种不同的看法。我们现在所说的和普遍适用的是三原色说。下面谈一谈光的三原色与颜料三原色的混合。

（二）原色混合

往一个色里掺其他色称为混色，它构成与原色不同的色。用这种方法混合色光时与混合颜料、染料的物体色时是不一样的。

1. 加色混合

将几个色光投射到白墙上，色光混合显示成为另外的色：红和绿的色光混合成黄，绿和蓝紫的色光混合成蓝绿，红和蓝紫的色光混合成紫。红和绿混合成黄，比红、绿要明亮；绿和蓝紫混合成的蓝绿比绿或蓝紫明亮；同样，红和蓝紫混合成的紫色，也比红或蓝紫明亮得多。进而把黄、蓝绿、紫这些混合色再混合就成为更明亮的白色。像这种色光的混合色，是把所混合的各种色的明度相加的明色，混合的成分越增加，混色的明度越高，所以叫作加色混合。两色混合时，光度为两色之和，混合色愈多，光度愈强，愈近于白色。太阳光就含有这些色光，红＋绿、黄＋紫、青＋橙、红＋黄＋青、橙＋绿＋紫，各组补色光相混合，都成为白光。

色光混合基本有如下特点，即相距近的色光混合出的新色光纯度高，相距远的色光混合出的新色光纯度低。相距最远的互补色相混合，混合出的光为白光，纯度消失，混合出新色光的明度为参加相混色光的明度之和。

2. 减色混合

将几种颜色或染料混合，透过重叠的彩色玻璃纸或色玻璃可映现出混合色：红紫和黄混合成为红，黄和蓝绿混合成绿，蓝绿和红紫混合成蓝。这种状况的混合色较之最初的任何一种色彩都暗，而且明度降低。若将红、绿、蓝混合则成为暗灰色。这种颜料或色玻璃的物体色越混合越暗，所以就称为减色混合。

3. 中性混合

中性混合包括回旋板的混合（平均混合）与空间混合（并置混合）。

回旋板的混合，属于颜料的反射现象。如把红色和蓝色按一定的比例涂在回旋板上，以每秒40-50 次以上的速度旋转则显出红紫灰色。通过回旋板的混合，得出混合色彩的明度基本为参加混合色彩明度的平均值，所以把这种混合方法叫中性混合。回旋板的中性混合实际是视网膜上的混合，也就是说回旋板快速旋转，使两色交替刺激视网膜而得出的一种色混合感觉。

由于空间距离和视觉生理的限制，眼睛辨别不出过小或过远物象的细节，把各种不同色块感受成为一个新的色彩，我们把这种现象称为空间混合。这也就是说，在一定的空间距离之外，当我们把两种不同的色彩并置放在一起而不去人为地混合它时，由于空间距离的作用和视觉生理的限制，我们的视网膜将能感受到一个新的色彩。这种空间距离的混合，实际上是视网膜的混合。空间混合的距离是由参加混合色的点或块面积大小来决定的，点或块的面积越大，形成空混的距离越远。

在色彩混合中，凡是两个色混合后所产生的混合色为灰黑无彩色状态，这一对色叫作补色。补色处于全部有彩色之中，所以补色的组合也就无计其数。

第三节　色彩的文化属性

在人类的历史长河中，随着人们对色彩的不断认识和自觉运用，色彩在一定程度上也从一种自然的存在转变成了一种文化的存在。在艺术创作和艺术设计中，色彩的表现同时也是一种文化的创造。

色彩的文化意味包含着两个层次，即一般的文化意味和特殊的文化意味。

一、色彩的一般文化意味

从"物理—生理—心理"这一基础来看，比较流行的看法是"色彩生理心理反映论"。这种观点认为，人类身体结构需要保持生理平衡。色彩学家墨林根据人类眼睛的生理构造，提出"四色学说"，即红与绿、青与黄这两组在色轮上相对的颜色有互补关系。当眼睛受到红色光刺激之后，人眼内的感红细胞就会受到消耗而与感绿细胞暂时失去平衡，如外科医生在手术中长时间看到红色的血液，当视线偶尔转移到白色工作台或墙面时，眼中就会出现绿色眩像，这表明感绿细胞在此出现过剩，而感红细胞需要补偿。所以现在医院中手术室一般采用浅绿色，医生在手术室所穿的工作服都改用浅蓝色。人眼在接触青与黄这对互补色时产生的色彩残像，情形也是如此。

以上情形证明人对色彩的感受会本能地向相反方向转化。在日常生活中，当某几种色彩流行一段较长时间之后，人们也会因视觉疲劳而感到厌腻，而需要寻找与之相反的色彩来进行调节。

人对色彩的这种本能反应，只是众多微妙复杂的色彩反应现象之一。而且，由于人们对色彩的感受并不会仅仅停留在生理的初级阶段，当视觉神经接受色彩刺激，传达到神经中枢时，还会产生深层的心理反应，通过想象、联想等形象思维，产生不同的情感爱好和欲望，从而赋予色彩以丰富的情感内涵。因此，"色彩生理心理反映论"和墨林的"四色学说"都不能科学地说明色彩的文化意味。

色彩的文化意味具体表现为色彩的情感。这种情感可分为色彩的固有情感和联想性情感两大类。

（一）色彩的固有情感

色彩的固有情感，是人对色彩生理刺激的一种必然心理效应。这种心理效应的产生主要源于色彩本身的某些属性，因此，色彩的固有情感具有较强的全人类性和一定的超时代的稳定性。

1.色彩的冷暖感觉

在色彩的各种感觉中，最重要的首先是色彩的冷暖感觉。色彩的调子（也称色调、主调或基调），即我们见到的所有色彩的主要特征与基本倾向，主要就是按冷暖区分为两大类。一般来说，在光谱中近于红端区的颜色为暖色，如红、橙等；接近紫端区的则为冷色，如青、紫等；绿是冷暖的中性色。

2.色彩的进退和胀缩感觉

两个以上的同形同面积的不同色彩，在相同背景衬托下，给人的感觉是不一样的。比如，在灰色背景衬托下的同形同面积的黑色和白色，我们通常会感觉到黑色离我们较远，面积也对于纯度不同的同一种色相，在另外一种背景（白色或灰色）的衬托下，我们会发现高纯度的色彩离我们较近，而且其面积比低纯度的色彩要大。

通过这种比较，从理论上可以派生出有关色彩的一组概念，即：

（1）前进色——给人感觉比实际距离近的色；

（2）后退色——给人感觉比实际距离远的色；

（3）膨胀色——给人感觉比实际大的色；

（4）收缩色——给人感觉比实际小的色。

一般来说，前进色和膨胀色分别与后退和收缩色相对应。

在色相方面，长波长的色相如红、橙、黄等给人以前进膨胀的感觉，而短波长的色相如蓝、蓝绿、蓝紫等则有后退收缩的感觉。

在明度方面，一般情况而言，明度高而亮的色彩有前进或膨胀的感觉，明度低而黑暗的色彩有后退、收缩的感觉。当然，这只是相对而言，由于背景的变化，它们给人的感觉也会产生变化。

在纯度方面，高纯度的鲜艳色彩有前进和膨胀的感觉，低纯度的灰浊色彩有后退和收缩的感觉，并为明度的高低所左右。

3. 色彩的轻重感觉和软硬感觉

色彩的轻重感觉，是物体色与视觉经验相互作用而形成的重量感作用于人心理的结果。决定色彩轻重感觉的主要因素是明度。明度高的色彩感觉轻，明度低的色彩感觉重。物体的质感给色彩的轻重感觉带来的影响是不容忽视的。所谓"质感"，是指人对材料表面质地的感受。这种感受包括粗糙与光滑，坚硬与柔软，干燥与滑腻等。如果相同明度纯度的同一色相着于不同的物体上，那么，有光泽、质感细密、坚硬的物体会给人以重的感觉，而物体表面结构松软的物体则给人以较轻的感觉。

色彩的软硬感觉是与色彩的轻重及膨胀收缩感联系在一起的。凡感觉轻的色彩，给人以松软感和膨胀感，凡感觉重的色彩则给人以坚硬感和收缩感。

4. 色彩的华丽感和朴素感

色彩的华丽感与朴素感是相对而言的。就色相而言，暖色如红、黄、橙等华丽，冷色如绿、蓝、黑等朴素；而对于同一色相而言，明度高的色彩如黄、橙等华丽，明度低的颜色如褐色等朴素；就纯度而言，纯度高的颜色华丽，纯度低的朴素。另外，物体表面的质感肌理也带来色彩的不同感觉。一般而言，质地光滑、材质细密的华丽，质地疏松、无光泽的色彩也显得朴素。

5. 色彩的积极性和消极性

色彩的积极性和消极性指的是色彩的兴奋感。色彩的兴奋程度与色相、纯度和明度有关。色彩的兴奋感与其色性的冷暖基本上吻合，暖色如红、橙、黄等为兴奋色，即积极的色彩，冷色如蓝、蓝紫等为沉静色，即消极的色彩。纯度方面，高纯度的色彩比低纯度的色彩给人的感觉积极。明度方面，同纯度的不同的明度，一般为明度高的色彩比明度低的色彩刺激大。低纯度、低明度的色彩是属于沉静的。明度最高的白色，以及明度较高的黄、橙、红都是积极的色彩。而明度最低的黑色以及明度较低的青、紫各色都是消极的色彩。黑白当量的灰色，以及绿色和紫色，明度适中，属于中性色。

（二）色彩的联想性情感

色彩的联想性情感，是在色彩的生理刺激基础上，通过联想产生的情感。相对于色彩的固有情感而言，色彩的联想性情感更复杂，也更丰富。联想性情感既与个人的知识修养、人生阅历、处世态度和审美趣味等有关，又与一定的社会生活环境、文化艺术氛围密不可分，所以色彩的联想性情感既有个性差异，又存在许多共性特征。

日本色彩研究专家河野友美做过这样的实验：把黄色的西瓜汁液分出一半染成食用红色，然后将这两种颜色的汁液比着喝，则大部分人会说："红色的香甜。"

美国的色彩研究所曾进行过咖啡味道的实验：把煮后的咖啡倒入三个分别贴有黄、红、绿色不同标签的罐中，让几个人分别品尝，结果却出现这样的结果：黄色的咖啡淡，绿色的酸，红色的香甜。

色彩本身没有味道，没有感情，之所以红色的西瓜汁甜，同一种原料的咖啡会因色彩的不同而呈现出不同的味道，是由于人们在长期的生活实践中产生的心理作用，使人对色彩产生了联想和感情上的共鸣。

一般来说，暖色容易使人想到火和太阳的热度，产生温暖、热烈、活泼、积极向上、奋斗进取之感。如红色，作为暖色系的代表色，它色彩最暖，光度较高，最易使人产生热烈兴奋的感觉，是一种极富积极性的色彩。红色，让人联想起太阳，因而易产生光明、温暖、幸福之感。红色又让人联想到娇艳的花朵，所谓"姹紫嫣红"，所以红色又让人产生可爱、活泼、健康、生机盎然的感觉。红色又是火的颜色，它炽热、跳跃，让人产生积极向上之感。而另一方面，红色又易产生急躁、火爆、烈性的感觉。

冷色则使人想到蓝绿色的水、湖泊，有凉爽、宁静之感。如绿色，绿色是红色的补色，在性格上与红色相反。作为大自然的主宰色，绿色在人们的生活中形成了视觉适应性，所以绿色对视觉的刺激较轻，因而绿色是一种很舒适的色彩。绿色让人想起树木、森林、大自然，因而易产生凉爽、宁静、平和、安适、清爽之感。绿色，让人联想到新生的草木，因而象征着生命的蓬勃生长。绿色又象征天然、清新、卫生，所谓"绿色食品"即取此义。

此外，深色如黑色、蓝色、褐色等具有隐蔽、坚实、厚重之感；浅色如淡绿、浅蓝等具有轻快柔和之感。

掌握色彩的联想性情感的一些共同特性，对于强化艺术设计的情调、风格和审美含量，对于提高我们的生活质量，都有积极的意义。达拉波尔哈门的研究认为，红色系列中柔和温暖的颜色，如桃红色、黄色和从温暖的荧光中发射出来的光线有利于知识分子的工作。柔和而冷的颜色如绿、蓝绿和从冷的荧光中发射出来的光线能诱发运动，是体育馆理想的照明。

色彩的一般文化意味往往具有国际性、全人类性的特点，除了由于生理的原因引发相似情感与联想外，对某些色彩由于习惯沿用，已经逐步形成了一套严格的用色制度，如红色常用作防火色、禁止色，橙色则为警戒色，黄色常用作醒目色等等。

二、色彩的特殊文化意味

所谓色彩的特殊文化意味，主要是指民族的色彩审美趣味，它鲜明地呈现出一个民族独特的文化精神。从时间纵轴来看，色彩的特殊文化意味是在长期的历史发展过程中，由特定民族的经济、政治、哲学、宗教和艺术等社会活动内化凝结而成的。它具有一定的稳定性。从空间断面来看，这种文化意味是特定民族的经济、政治、哲学、宗教和艺术等文化形态与民族审美趣味相互交融的结果。这种交融，使得色彩成为民族文化观念的标志和符号，它集中地表现着一个民族的喜好与厌恶，强烈地反映出民族的审美情趣。在一定程度上它已成为该民族独特文化的象征。人们对色彩的感受，不取一般的"物理—生理—心理"的反应模式，而取"物理—文化—心理"的反应模式。"文化"成为审美反映的重要中介。当然，色彩的特殊文化意味与一般文化意味并不是截然分开的。色彩的特殊文化意味是以色彩的一般文化意味为基础的。

世界上不同的国家和民族，不仅地理环境条件不同，而且历史、社会、政治、经济、文化、科学、艺术、教育、传统观念、心理反应和爱好也不尽相同，因而其色彩的文化意味也显示出较明显的地域性、民族性和差异性。例如白色，主要意义是光明、纯洁、皎美。女子结婚穿白色的婚纱，即包含着这个意思在内。缅甸城市妇女爱穿白色上衣，则有一种忠贞、纯洁的意味。白色又可表示一无所有之意，如我国古代把没有官职、学识的平民称作"白丁"，再如我们所说的"一穷二白""平白无故"等；戏剧中所谓"白""道白"，指除说之外，没有唱腔与音乐伴奏的表演形式。另外，我国京剧传统的人物脸谱，白色表示奸险，白粉满涂，表示将其阴险面目匿藏等。我国古代吊丧所用马车都是白色，称"素车白马"，吊丧者也穿白色衣戴白色帽，称为"缟素"，现代民间丧事也仍以白色为标志，这是将白色的圣洁、诚挚等意义转化为哀悼之意。

黑色，在中国象征权力、威武、严肃与尊贵。如旧社会的衙门都用黑色涂刷。而在西方，黑色又引发为渊博、高雅、超俗，如外国的神父、牧师、法官都披黑衣，西方上层人物喜欢以黑色燕尾服为礼服。

又比如，黄色光度高，色性亦暖，且与通常光的颜色相似，具有光明、高贵、豪华之意，但不同国家不同地区又有不同的象征意义。我国古代封建帝王，以黄色作为皇权的象征。黄龙是帝王本身的徽记，诏书称"誊黄"，御车称"黄屋"，出巡用黄旗。直接听候皇帝调遣、为皇帝办理各项生活事务的官叫"中黄门"或"黄门侍郎"，古代太守称"黄堂"。这些都取黄色的高贵之义、权力之义。希腊传说中的美神，服色也是黄色，罗马以黄色为婚礼服色，黄色又具有神圣、美丽的意味。在宗教上，黄色由于色相温和、素雅，引申出素雅绝俗、超然物外之义。佛教的建筑、服装及一切装饰色都用黄色；而在信奉基督教的国家里，黄色由于是叛徒犹大衣服的颜色，因而被认为是卑劣可耻的象征。

红色，是受许多民族推崇的颜色，但是其文化内涵也呈现多样性。对红色的爱好，各民族往往也有独特的文化意味。如印度妇女额头上的吉祥痣，又称"朱砂痣"，表示此人已婚，丈夫健在，家庭平安幸福。在尼泊尔，宾主见面时相对伸伸舌头，以舌头的红色表示赤诚的心。在我国，由血色进一步引申到血统和血缘的概念上去，由亲近之意转化为真诚之意。初生婴儿称为"赤子"，所谓"赤子之心"，即真诚之心。而在美国，有些人认为红色代表"赤字"，即财政上有亏损。

紫色、蓝色、绿色等也都有丰富多样的含义。只有了解和把握各种色彩的一般文化意味与特殊文化意味，方可以在色彩设计实践中不断发挥我们的创造与想象，设计出优美感人的色彩。

第四节　色彩的形式美感

单一的色彩可以引起不同的联想和感觉，但是这种联想和感觉就个人而言是不稳定的。从审美的意义上说，色彩的审美价值主要表现于特定的色彩关系或色彩配置之中。在色彩设计的实践中，人们不断地摸索总结出一些色彩美感的形式法则。下面就从对称、对比、调和与多样统一这几个方面来谈谈色彩的形式美感。

一、色彩的对称

以画面某一中心为基准，各对应部分的图形和色彩形成对称关系，这通常是装饰色彩整体布局的对称处理法。对称法可分为严格对称与变化对称两大类型。从整体而言，对称这种形式美感是调和的，给人心理上产生一种均衡感。

（一）严格对称

各对称部分的形和色严格互相对应称为严格对称。我国古代艺术大师和劳动人民十分擅长运用严格对称的手法，给我们留下了极为丰富的典范作品，如北京的天安门、天坛，西安的钟楼、鼓楼，还有古代的服装饰物、日用陶瓷器具上的纹样与色彩等。这种严格对称的形式往往产生严整、规范、秩序感强的美感。严格对称有时也表现出一种相互对峙，但它们一般不表现出冲突与对抗，而是采取一种稳定和谐的状态，为的是支撑一片共同的点，因而站在两个相对应的位置各自尽着自己的力，其目的和效果不是显示和突出自己，而是共同创建和维持一个稳定的局面。

色彩的严格对称，主要是指色相方面。同纯度同明度的同一色相以等同大小的面积或外形体现出来，这种方式的色彩设计可表现出严谨、整一的美感，这比较多地体现在某些装饰绘画上。

诸如我国京剧脸谱上的色彩，传统的彩陶上的纹饰等等。

（二）变化对称

变化对称相对于严格对称而言，略有一些对比成分。所谓变化对称，是指形成对称的各部分，在用色方面并不完全一致，而是有规律地变化，但总体而言，各方面依然保持着等量均衡原则。

变化对称的例子比严格对称的多。事实上，任何一个严格对称的实例，严格说来，都是变化对称的特例。相对于严格对称而言，变化对称更多一份灵性，少一些拘谨。

色彩的变化对称，可在色相、色性，明度与纯度等任何一个角度作出。这将在后面色彩的审美设计中详细介绍。

二、色彩的对比

两个以上的色彩，以空间或时间关系相比较，能比较出明确的差别时，它们的相互关系就称为色彩对比。色彩对比最大的特征就是产生比较作用，甚至发生错觉。

每一种色彩的存在，必具备面积、形状、位置、肌理等方式。对比和色彩之间存在面积的对比关系，位置的远近关系，形状、肌理的异同关系等。这四种存在方式及关系的变化，对不同性质与不同程度的色彩对比效果，都会给予非常明显的和不容忽视的独特影响。

（一）同时对比与连续对比

从感觉的时间和空间上看，色彩的对比，可分为同时对比与连续对比两种情况。

在同一空间、同一时间所看到色彩的对比现象叫同时对比。如我们看到红色桌面上的黄色日记本或蓝色桌面上的白色日记本，这些都是在同一空间和同一时间看到的色彩对比，它们是同时对比。

当我们先看红色的窗帘，接着再看绿色的地毯，我们会发现后看到的地毯带蓝色。这是因为眼睛先看到的色彩的补色残像加到后看到的物体色彩上面去的缘故。这种一色接受先前另一色的影响而产生的对比，叫连续对比。

同时对比发生变化在两色上都显示出来，而连续对比的变化仅发生在次见色上。在色彩变化程度上，同时对比较连续对比更强烈一些，因为连续对比仅是一种色彩幻觉的结果，实际上在见到次见色时，已不见初见色了；同时对比的作用一直在同见两色的情况下发生，对比条件始终存在，当然感觉到变化强烈，印象深刻了。

同时对比的并置两色交界之处，变化现象尤为显著，这种情况又称为边缘对比。

色彩对比变化总的趋势，是向对方色的相反方向变化，在明暗、纯灰、冷暖等方面都是如此，在色相上则是趋向于双方的补色。不论是同时对比还是连续对比，都是以补色原理为根本原理。

（二）明度对比

因为明度差异而形成的对比称为明度对比。色彩的层次、体积感、空间关系主要靠色彩的明度对比来实现。

在色彩的应用上，根据表达内容的需要，明度对比恰如其分，才能取得理想的效果。一般而言，高明度基调给人的感觉是轻快、明朗、娇媚、纯洁等，然应用不当，又易引起冷漠、柔弱、浮躁、疲劳的感觉；中明度基调给人以朴实、沉稳、庄重之感，然同时，又可能带来呆板、贫穷、乏味之感；低明度基调则给人的感觉沉重、浑厚、强硬、神秘，也可构成黑暗、阴险、哀伤的色调。

（三）色相对比

因色相之间的差别形成的对比叫色相对比。单纯的色相对比，只有在对比的色相在明度、纯度方面相同时才存在。高纯度的色相之间的对比不能离开明度和纯度的差异而存在。

色相对比可以分为以下四种基本类型，即：

（1）同一色相对比：在色相环上，色相之间的距离角度在5°以内的对比为同一色相对比。这是最弱对比，其效果是统一，略有变化。

（2）类似色相对比：在色相环上，色相之间的距离角度在45°左右以内对比为类似色相对比。这属于弱对比，其对比效果较同一色相对比强，较之更明显、丰富。

（3）对比色相对比：在色相环上，色相之间的距离角度在100°以外的对比为对比色相对比。这是色相的强对比，其效果是对比鲜明、明确、饱满。

（4）互补色相对比：在色相环上，色相之间的距离角度为180°左右的对比或是色相环上的相混能成为黑灰色的两色相相比，都是属于互补色相对比，这是最强的色相对比。互补色相对比的效果最强烈，具有较强的刺激性。

在色相对比中，必须确定主色，在其他色彩的运用上，必须把握色相的主次关系，以免喧宾夺主。

（四）纯度对比

把不同纯度的色彩相互搭配，根据纯度之间的差别，可形成不同纯度的对比关系即纯度对比。

任一纯色与同明度的灰色相混，可得该色的纯度系列；任一纯色与不同明度的灰色相混，可得该色不同明度的纯度系列。不同的色相，最高纯度不一定相同。为了研究方便，各色相的纯度可统分为12个阶段：

色彩间纯度差别的大小决定纯度对比的强弱。纯度对比与明度对比存在一定相似性。但是纯度对比的视觉作用低于明度对比的视觉作用。大约3—4个阶段的纯度对比的清晰度，相当于一个明度阶段对比的清晰度。按上表12个纯度阶段划分，相差8个阶段以上为纯度的强对比，相差5个阶段以上8个阶段以下为纯度的中等对比，相差4个阶段以内为纯度的弱对比。

以高纯度色彩在画面面积占70%左右时，构成高纯度基调，即鲜调。这种调子带给人的感觉是积极、热烈、活泼向上等，运用不当则可能引起恐怖、疯狂、低俗之感。以中纯度色彩在画面面积占70%左右时，构成中纯度基调，即中调。这种调子带给人的感觉是中庸、文雅、踏实等，运用不当，则可能引起平庸、无味之感。

低纯度色彩在画面面积占70%左右时，构成低纯度基调，即灰调。这种调子带给人的感觉是自然、简朴、静谧等，运用不慎，则易引起土气、消极、脏的感觉。

（五）冷暖对比

因色彩感觉的冷暖差别而形成的对比为冷暖对比。冷暖对比实为色相对比的又一种表现形式。这种对比也可以分为四种类型，即：

（1）冷暖的极色对比，如橙色与蓝色的对比，这是最强对比；

（2）冷极（蓝色）与暖色（红、黄）的对比，暖极（橙色）与冷色（蓝紫、蓝绿）的对比，这是强对比；

（3）暖极色，暖色与中性微冷色（紫、绿），冷极色、冷色与中性微暖色（红紫、黄绿）的对比，这是中等对比；

（4）暖极与暖色，冷极与冷色，暖色与中性微暖色，冷色与中性微冷色、中性微冷色与中性微暖色的对比，这是弱对比。

需要说明的是，色彩的冷暖对比同时还受到明度和纯度的影响。暖色加白向冷转化，冷色加白则向暖转化；暖色加黑向冷转化，暖色纯度越高越显暖。

色彩的应用离不开色彩的冷暖对比。冷色基调给人清冷感、凉爽感和空间感；暖色基调给人激烈、进取、喜庆等感觉。色彩冷暖对比运用得好，会取得无比美妙的效果。

（六）面积对比

面积对比是指各种色彩在画面的构图中所占面积比例多少而

引起的明度、色相、纯度、冷暖对比。各色由于在画面中所占面积的不同会构成不同的色调。

一般来说，不同的颜色，当双方面积等同时，对比效果最强；双方面积相差越悬殊，色彩的对比效果越弱。

如果颜色相同，那么双方面积等同时，对比效果最弱；双方面积相差越悬殊，则色彩的对比效果越强。

三、色彩的调和

色彩的调和是指两个或两个以上的色彩，有秩序地协调和谐地组织在一起。它是能使人愉悦、满足的色彩搭配。

调和的色彩形态一定会产生和谐。互补色的规则是色彩和谐布局的基础，也应该是色彩调和的基础，因为这种规则会在视觉中建立起一种精确的平衡。

色彩的调和可分为类似调和与对比调和两种类型：

（一）类似调和

类似调和强调色彩要素中的一致性关系，追求色彩关系的统一感。类似调和又包括同一调和与近似调和两种形式。

（1）同一调和。在色相、明度、纯度中有某种或某些要素完全相同，变化其他的要素，被称为同一调和。当三要素中只有一种要素相同时，称为单性同一调和；有两种要素相同时称为双性同一调和。双性同一调和比单性同一调和更具有一致性，因此统一感极强。但在同色相又同明度的双性同一调和关系中，色彩会趋于单调，这种情况下，须加大纯度对比等级，才能使它具有调和感。

（2）近似调和。在色相、明度、纯度三种要素中，有某种或某些要素近似，变化其他的要素，被称为近似调和。由于统一的要素由同一变为近似，因此近似调和比同一调和的色彩关系有更多的变化因素。

类似调和主要包括以孟塞尔色立体为根据的类似调和和以奥

斯特瓦德色立体为根据的类似调和。

以孟塞尔色立体为根据的类似调和主要是明度、色相、纯度要素各自或相互之间相类似而构成的调和。

以奥斯特瓦德色立体为根据的类似调和主要是含白量、含黑量与含色量三者各自或相互之间相类似而构成的调和。

（二）对比调和

对比调和强调色彩变化组合的和谐。在对比调和中，明度、纯度、色相三要素处于对比状态，因此色彩显得更生动、活泼、鲜明。这样的色彩组合关系既变化又统一，具有相当好的审美效果。

第五节　色彩的审美设计

美国蓝多公司的总裁蓝多先生说：世界上的设计师都说一种语言，都通过视觉来传达。这话是有道理的，当人们的目光接触饰品的瞬间，感受最强的往往是色彩，它直接传递饰品的情感，给人以深刻的影响。色彩是饰品存在的物质基础，而且是一种较表层的物质基础，但正是这种表层性，反而加强了其重要性。由于人们接触一件饰品，首先接触的是其色彩，所以，色彩对于饰品形象的塑造与传达是首要的。同时，色彩又从一定程度上体现和突出饰品的功能内容与功能级次。又由于色彩与人的生理、心理的紧密联系而构成的丰富的情感性，使色彩成为人与饰品之间建立一种亲和关系的重要中介。总之，色彩的审美设计是一切艺术设计的一个重要环节。

一、色彩审美设计的参照尺度

由于色彩与人、与饰品（作品）关系的紧密性，色彩设计必然涉及作为主体的人，人所处的社会文化环境，以及饰品设计的某些方面。下面主要就主体生理尺度、社会文化尺度、技术生产尺度三个方面来谈谈色彩审美设计的参照尺度。

（一）主体生理尺度

前面在对色彩有关知识进行介绍时谈到了人对色彩所产生的种种心理效应和情感效应，这些心理效应和情感效应正是基于主体生理而产生的。人对色彩的接触是通过眼睛来进行的，通过视觉效应产生一系列心理反应。

1. 色的适应

人眼习惯于接受光的刺激，例如，从明亮的外室进入黑暗的内室，暂时什么也看不见，但过一会儿就能看到东西了。眼睛这种对暗度的习惯就叫暗适应。与此相反，从暗处突然进到很明亮的地方，则感到晃眼，但不久就能恢复正常。眼睛这种对明度的习惯叫明适应。当眼睛对鲜艳的颜色看了一会儿后就会感到鲜艳度有所减弱，眼睛这种对色的习惯则叫作色适应或色彩适应，这是相对于色彩而言的。

掌握色彩适应的有关知识，有利于我们进行色彩的审美设计，在设计过程中，应对色彩进行整体的把握，避免色适应带来的某些消极影响。

2. 色的易见度

在白纸上写黑字比在白纸上写黄字清楚。能清楚地看到形时叫做视认度高，反之，则叫做视认度低。

在物体所处外界环境相同的情况下，形能否被看清，色彩是否清晰，取决于物体色与背景色的关系，即为物体色与背景色的对比强弱所左右。

色的易见度特性，是色彩设计的基本参照因素。在宣传画和招牌等设计配色时，尤显重要。

3. 色彩的联觉效应

由色彩的视觉可产生听觉、触觉、嗅觉、味觉等感受，统称为色彩的联觉效应。我们在色彩设计中运用较多的是味觉和听觉。

（1）色的味觉

作为味觉所采纳的是"甜""辣""苦""涩""酸""咸"六种，一般称作甜的色调、辣的色调、涩的色调，等等。作为联想到味觉的色，从总体上看可以表现为某种程度的一般倾向。"甜"的色，就多用粉红色或奶油色的柔和色调；"辣"的色，用鲜红的尖形表现；"涩"的色，用灰褐色；"酸"的色，用橙色和绿色；"咸"的色，用灰色；"苦"的色，用暗绿色等。

（2）色彩的听觉

色彩的听觉效应，简称色听。不同的人对同一声音所产生的色彩感觉基本相同，如由低音与暗色相对，高音与亮色相对等。具体到音乐的调性与哪些色彩相应，可能因人而异，但对于音乐的旋律节奏所体现出来的色彩，倾向比较一致，诸如庄重的音乐对应于蓝紫色，悲哀的对应于蓝色等。在广告招贴和宣传画以及书籍装帧等设计中，色彩的听觉效应如能很好地运用，无疑会设计出既体现内容又呈现美感的好的作品。

（二）社会文化尺度

我们已经对色彩的文化意味进行了阐述，色彩是蕴含了丰富的文化意味的。色彩是一种最大众化的形式，基于人类共同的生理结构，呈现出某些相同或相似的对色彩的心理效应，但色彩又具有明显的地域性与民族性特征，这在前面章节中已有较详细的介绍，这里主要谈谈色彩的时代性。

人们处于不同的时代，有着不同的精神向往和审美理想。当一些色彩带有时代精神意义，迎合人们的认识、理想、爱好、欲望时，那么，这些具有特殊感染力的色彩就会流行开来。流行色即是色彩时代性的反映。

作为社会文明结构成分的流行色，是与社会的生产、社会变革的浪潮、社会对未来的发展信念、社会的价值观念等相联系的。色彩的流行现象因时代不同而呈现不同的特色，如我国原始社会的山顶洞人用红色粉末涂染装饰品，仰韶文化时期人们用红、黑或白色绘制陶器花纹，夏代贵族以黑色为主要服色等。这些色彩流行现象大多与当时人们的巫术崇拜有关，而现代流行色彩，则是现代经济、政治、科学、文化高度发展的产物，是现代物质文明作用于精神文明并在审美意识中反映出来的社会现象。所谓太空色、海洋色、田野色等的出现，反映了鲜明的社会环境，具有较强的时代特征。现代流行色彩，贯穿于造型艺术和装饰艺术的各个角落。

社会文化尺度是色彩设计的重要尺度。设计的本质是文化。丰富的社会文化含量会有效地体现饰品的内容，在一定程度上提高设计的档次。

（三）技术生产尺度

任何设计都必须满足一定的功能要求或使用价值，最后以饰品或者服务的形式付诸实现。与饰品设计紧密相联的色彩设计，借助高科技的生产工具与器材，可以设计出手工制作表达不出的各种意想不到的效果。所以，要设计出好的色彩，除了掌握基本的色彩知识，具有一定的艺术灵感与悟性等之外，还必须掌握先进的技能。如电脑设计的掌握与灵活运用，不仅给色彩设计带来了便捷，提高了效率，而且，其或逼真或虚幻的丰富的效果也给色彩设计进而给饰品设计拓展了审美空间和层次。

把握色彩的技术生产尺度和饰品的技术生产尺度有所不同。饰品的技术生产尺度，意在看饰品的设计能否满足一定的功能要求，以及最终以饰品和服务的形式实现出来。而色彩的技术生产尺度，在这里转化为对高技能的掌握。

需要指出的是，高科技的运用，并不意味着可以取消基本的色彩动手能力的训练。对色彩的敏锐感，对色彩性能的深入了解，对色彩审美能力的逐步培养与提高，是离不开基本的动手能力的培养的。高科技饰品的运用，只是说明我们的设计工具更为先进与优良。

二、色彩审美设计的形式美法则

色彩的审美设计，其核心是人情化设计。科学技术的高速发展，使现代人的生活更为快捷、便利，在更大程度上是使现代人更多地从物质束缚下解放出来。但是，高度发达的物质享受也伴随着对精神情感的更大需求，所以饰品设计在以功能为基础的前提下，其审美性也日益显得重要。设计师在创造某种使用价值的同时，应赋予其设计以情感和生命的意味。色彩设计作为饰品设计最表层同时也是极为关键的部分，自然尤其注重其人情化的体现。

所谓审美设计，简言之是指使饰品具有美的形式，能引起人们美感的设计。色彩可比作饰品的面容（就饰品本身而言）或饰品的衣着（就饰品的包装而言），人们对色彩的接触是第一性的。色彩设计是否具有美感，起着非常重要的作用，有时甚至是关键性的作用。美感，虽是感性的，个体的，主观的，但它又具有普遍必然性。色彩的审美设计也具有一定的规律性，遵循一定的形式美法则。

德国心理派美学家弗列德里希·费肖尔（1807—1887）认为美是多样统一或对立面的调和，而人的心灵在向某种统一或秩序的"无意识的移入"中，可达到谐和的境地。对于色彩而言，通过色与色之间的合理配置，以及色与色之间相互关系的安排，最终可达到色彩的和谐。色彩的审美设计一般遵循以下一些共同的形式美法则。

（一）变化与统一

变化与统一是任何一种形式法则都蕴含的原则，它是原则中的原则。任何一种形式法则都是变化与统一这一总原则的表现形式。

变化表现为色彩的个性、差异，带来色彩的丰富多样；统一则消除了各因素的对立成分使之融合为协调的整体。变化最终融入统一，因而呈现出和谐的色彩美感；统一又根基于变化，从而呈现出色彩的丰富多样性。

如果只有色彩的变化，而没有色彩的最终统一，那么，丰富多样的色彩就会产生杂乱无章的效果，引发人们不良的心理感受。假如我们把红、黄、绿、蓝等色彩毫无秩序地放在一起，会让人产生眩目的视觉感受，并进而产生烦躁不安、无所适从的心理效应。当然这并不是说不同色相的色彩就不能统一起来。变化，总能通过一定的途径实现统一。红、黄、绿、蓝四种不同的色相也可通过纯度、明度、面积等的变化而达到配置协调的效果。

只有统一而无变化，会减轻色彩的冲击力，削弱人的视觉感受，让人产生厌倦、疲乏的心理，最终导致美感的消失。色彩设计中，若采用类似色或同性色进行组合，往往导致混沌一片。当然，类似色与同性色也可在审美设计中达到统一中有变化的效果。通过改变色彩明度、纯度、面积等方式，拉开其差异性，借助物体的材质、肌理等突出其个性，从而打破色彩过于纯粹统一的单调呆板，赋予色彩以生机活力。

色彩的变化与统一，无非也就是在色彩的明暗、冷暖、轻重、积极或消极、前进或后退等方面进行变化，而这些变化归根结底是通过色相、明度、纯度等的变化来进行的，又通过各要素之间的内在联系及生理、心理效应进行统一、协调，最后取得和谐的效果。

（二）对比与调和

没有变化，就没有对比，对比是变化的一种表现形式，对比是大的变化；各种对立因素在一定程度上的调和就得到统一，统一是调和的结果。对比与调和实际上是变化与统一这一形式法则的具体化。对比与调和又是互相包含的。对比，是实现调和的对比；调和，是有对比（差异性）的调和。

对比与调和作为色彩审美设计的形式法则之一，是与人自身的生理心理有内在联系的。色彩的审美设计，其核心也就是人情化设计，即以人为主心，为人而设计。力求色彩设计的对比与调和，正是为了满足人生理平衡和心理平衡的需要。以对比性最强又最需调和的互补色来说，之所以互补色的规则是色彩和谐布局的基础，就是因为遵守这种规则会在视觉中建立起一种精确的平衡。歌德在《色彩概论》中写道：有一天傍晚，我走进一家旅馆，一位姑娘，高身材，面孔白皙，黑发，穿着鲜红的上衣走进我的房间，我凝视着这位在半暗中站在我面前一段距离的姑娘。当她走开以后，我在我对面光亮的墙上看到一个环绕着光轮的黑面孔，那鲜明形象的衣服在我看来像是海浪般的绿颜色。由于对立的补色混合后产生白、灰黑这样的无色，所以视网膜上感光细胞要求平衡而形成后像，在颜色光源下，后像过渡为补色。在色彩的对比与调和中，补色最为重要，互相对立、互相排斥的因素结合在一起形成和谐，比非对立因素的统一更具有美的魅力，互补色的搭配具有很高的心理审美价值。补色是互相对立中最具对抗性的，但补色一旦得到调和而形成对立统一，往往呈现出一种激荡人心的和谐感，具有较强的力度。

非补色关系的不同色相之间的对比与调和设计相对要简单一些。熟练掌握色彩的基础知识，灵活运用色彩的种种属性与色彩搭配的原理，诸如色彩的冷暖、轻重等特性，不难设计出呈现和谐美的色彩。

同一色相的设计中，对比是主要的出发点。同一色相已经有一个调和的基调，重要的是如何使这种统一中见出变化与丰富。明度、纯度的设计变化是最主要的方法。同一色相的对比与调和往往会给人单纯、简洁之美，通过纯度、明度的变化，也可以产生强烈鲜明的个性，出现极强的协调效果。

（三）对称与均衡

对称与均衡是互为联系的两个方面。对称能产生均衡感，而均衡又包括着对称的因素在内。对称均衡的色彩构成具有安静、稳定的特性。所谓对称，是指中轴线分成相等两部分的对应关系，而均衡则是指布局上的等量不等形。均衡除了对称外，还蕴含着形上的不对称。相比于对比与调和这一形式法则而言，对称与均衡式的色彩设计较前者更为温文尔雅、和颜悦色，更显平和而安宁，但两者最终也是殊途同归，即归于和谐与美。

在色彩审美设计中，对称不是单一出现的，一般总融于其他形式法则中，严格意义上的同一色在某一色彩设计中以对称形式出现，较多地是在装饰设计中。在更多情况下，色彩的对称以一种相互呼应的形式表现出来。

均衡是各种色块所具有的量感相对于人的视觉中轴线的比较所达到的平衡。决定色彩量感的主要是它的明度、纯度和面积。我们的眼睛看红色过多会出现绿色残像，这是由于视觉生理出现不平衡的结果。视觉生理的不平衡又会带来心理的不舒适感。把对称与均衡作为色彩审美设计的原则，也是立足于设计的宜人性的。

对于不同色相间的力的比例，歌德提出了色彩平衡理论。他认为各色彩间的和谐面积比为：

黄：橙：红：紫：蓝：绿 = 3：4：6：9：8：6

决定色彩量感的除了色彩的面积，还有明度与纯度。孟塞尔在歌德理论的基础上进一步提出了一个色彩平衡公式：

A色的明度×纯度=B色面积

B色的明度×纯度=A色面积

我们在色彩设计中不可能完全生搬硬套色的平衡公式，但在实践中总结出来的规则能指导我们的设计创作。

色彩审美设计的一些形式法则常常是相互联系的。色彩审美设计的对称与均衡这一法则与前面谈到的对比与调和，两者就是相互渗透的。

（四）节奏与韵律

节奏韵律原是音乐术语。节奏，本指音响运动的轻重缓急、节拍强弱、长短交替出现且合乎一定的规律。在节奏的基础上赋予一定的情调便形成韵律。色彩与音乐有"调性"上的通感。美国画家惠斯勒（1834—1903）善于用画表现乐感。他认为画不应是表现一个故事，而是要表现一种音乐调子。他把自己的作品《白衣女郎》命名为《白色的交响乐》，《小白女》又命名为《白色的交响乐第二》，《母亲的肖像》则称之为《灰与黑的合奏》，《茫茫夜》又称作《夜曲》等。乐调表达的情绪，人们也可得到色调的共鸣。美国黑人的布鲁斯音乐就常被比作蓝色调的。对音乐和绘画的色彩，人们在主观印象上能有"调性"沟通，这是视听艺术通感的常例。我们在色彩实践中，常常用色彩来表示音乐。通过色相、明度、纯度的变化与合理组合搭配，表现不同的音乐类型与主题。

构成节奏有两个重要关系：一是时间关系，指运动过程。这在色彩设计上表现为一种流动感，体现出生命的活力。一是力的关系，指强弱的变化。这在色彩设计上表现为一种和谐的秩序感。有规律的反复，才形成节奏。不同的色彩构成形成不同的韵律美。

各种形式法则在色彩的审美设计中都是互为关联的。色彩自身具有不稳定性，色彩的各要素之间又相互依赖。英国美术评论家约翰·拉斯金说过，在你作画的过程中，每一块颜色都会由于你在别的部位上添加一笔颜色而变样。因此，一分钟以前还是暖色的颜色，当你在另一部位放上一块更暖的颜色的时候，它就会变成冷色；而刚才还是协调的颜色，当你在它旁边放上另一些颜色的时候，就可能变得不协调。在色彩设计中，在灵活运用各种形式法则的过程中，必须进行整体效果的把握。对这些形式法则的灵活运用，注重理论与实践相结合，一定能设计出丰富多彩的色彩审美形态。

第六节　材质、色彩与照明

室内一切物体除了形、色以外，材料的质地即它的肌理（或称纹理）与线、形、色一样传递信息。室内的家具设备，不但近在眼前而且许多和人体发生直接接触，可说是看得清、摸得到的，使用材料的质地对人引起的质感就显得格外重要。初生的婴儿首先是通过嘴和手的触觉来了解周围的世界，人们对喜爱的东西，也总是喜欢通过抚摸、接触来得到满足。材料的质感在视觉和触觉上同时反映出来，因此，质感给予人的美感中还包括了快感，比单纯的视觉现象略胜一筹。

一、粗糙和光滑

表面粗糙的有许多材料，如石材、未加工的原木，粗砖、磨砂玻璃、长毛织物等等。光滑的如玻璃，抛光金属、釉面陶瓷、丝绸、有机玻璃。同样是粗糙面，不同材料有不同质感，如粗糙的石材壁炉和长毛地毯，质感完全不一样，一硬一软，一重一轻，后者比前者有更好的触感。光滑的金属镜面和光滑的丝绸，在质感上也有很大的区别，前者坚硬，后者柔软。

二、软与硬

许多纤维织物，都有柔软的触感。如纯羊毛织物虽然可以织成光滑或粗糙质地，但摸上去都是很情快的。棉麻为植物纤维，它们都耐用和柔软，常作为轻型的蒙面材料或帘帐，玻璃纤维织物从纯净的细亚麻布到重型织物有很多品种，它易于保养，能防火，价格低，但其触感有时是不舒服的。硬的材料如砖石、金属、玻璃，耐用耐磨，不变形，线条挺拔。硬材多数有很好的光洁度、光泽。晶莹明亮的硬材，使室内有生气，但从触感上说，一般喜欢光滑柔软，而不喜欢坚硬冰冷。

三、冷与暖

质感的冷暖表现在身体的触觉、座面、扶手、躺卧之处，都要求柔软和温暖，金属、玻璃、大理石都是很高级的室内材料，如果用多了可能产生冷漠的效果。但在视觉上由于色彩的不同，其冷暖感也不一样，如红色花岗石、大理石触感冷，视感还是暖的。而白色羊毛触感是暖，视感却是冷的。选用材料时应两方面同时考虑。木材在表现冷暖软硬上有独特的优点，比织物要冷，比金属、玻璃要暖，比织物要硬，比石材又较软，可用于许多地方，既可作为承重结构，又可作为装饰材料，更适宜做家具，又便于加工，从这点上看，可称室内材料之王。

四、光泽与透明度

许多经过加工的材料具有很好的光泽，如抛光金属、玻璃、磨光花岗石、大理石、搪瓷、釉面砖、瓷砖，通过镜面般光滑表面的反射，使室内空间感扩大。同时映出光怪陆离的色彩，是丰富活跃室内气氛的好材料。光泽表面易于清洁，减少室内劳动，保持明亮，具有积极意义，用于厨房、卫生间是十分适宜的。

透明度也是材料的一大特色。透明、半透明材料，常见的有玻璃、有机玻璃、丝绸，利用透明材料可以增加空间的广度和深度。在空间感上，透明材料是开敞的，不透明材料是封闭的；在物理性质上，透明材料具有轻盈感，不透明材料具有厚重感和私密感。例如在家具布置中，利用玻璃面茶几，由于其透明，使较狭隘的空间感到宽敞一些。通过半透明材料隐约可见背后的模糊景象，在一定情况下，比透明材料的完全暴露和不透明材料的完全隔绝，可能具有更大的魅力。

五、弹性

人们走在草地上要比走在混凝土路面上舒适，坐在有弹性的沙发上比坐在硬面椅上要舒服。因其弹性的反作用，达到力的平衡，从而感到省力而得到休息的目的。这是软材料和硬材料都无法达到的。弹性材料有泡沫塑料、泡沫橡胶、竹、藤，木材也有一定的弹性，特别是软木。弹性材料主要用于地面、床和座面，给人以特别的触感。

六、肌理

材料的肌理或纹理，有均匀无线条的、水平的、垂直的、斜纹的、交错的、曲折的等自然纹理。暴露天然的色泽肌理比刷油漆更好。某些大理石的纹理，是人工无法达到的天然图案，可以作为室内的欣赏装饰品，但是肌理组织十分明显的材料，必须在拼装时特别注意其相互关系，以及其线条在室内所起的作用，以便达到统一和谐的效果。在室内肌理纹样过多或过分突出时也会造成视觉上的混乱，这时应更替匀质材料。

有些材料可以通过人工加工进行编织，如竹、藤、织物，有些材料可以进行不同的组装拼合，形成新的构造质感，使材料的轻、硬、粗、细等得到转化。

同样的曲调，用不同的乐队演奏，效果是十分不同的；同样是红色，但红宝石、红色羊毛地毯，其性质观感是不同的。此外，同样的材料在不同的光照下，其效果也有很大区别。因此，我们在用色时，一定要结合材料质感效果、不同质地和在光照下的不同色彩效果。

（1）不同光源光色，对色彩的影响：加强或改变色彩的效果。

（2）不同光照位置，对质地、色彩的影响：在正面受光时，常起到强调该色彩的作用；在侧面受光时，由于照度的变化，色彩将产生彩度、明度上的退晕效果，对雕塑或粗糙面，由于产生阴影而加强其立体感和强化粗糙效果，在背光时，物体由于处于较暗的阴影下面，则能加强其轮廓线成为剪影，其色彩和质地相对处于模糊和不明显的地位。

（3）对光滑坚硬的材料，如金属镜面、磨光花岗石、大理石、水磨石等，应注意其反映周围环境的镜面效应，有时对视觉产生不利的影响。如在电梯厅内，应避免采用有光泽的地面，因亮表面反映的虚像，会使人对地面高度产生错觉。

黑色表面较少有影子，它的质地不像亮的表面那么显著。强光加强质地，漫射光软化质地，有一定角度照射的强光，创造激动人心的质感，从头顶上的直射光，使质地的细部表现缩至最小。

第七节　色彩的物理、生理与心理效应

一、色彩的物理效应

色彩对人引起的视觉效果还反应在物理性质方面，如冷暖、远近、轻重、大小等，这不但是由于物体本身对光的吸收和反射不同的结果，而且还存在着物体间的相互作用的关系所形成的错觉，色彩的物理作用在室内设计中可以大显身手。

（一）温度感

在色彩学中，把不同色相的色彩分为热色、冷色和温色，从红紫、红、橙、黄到黄绿色称为热色，以橙色最热。从青紫、青至青绿色称冷色，以青色为最冷。紫色是红（热色）与青色（冷色）混合而成，绿色是黄（热色）与青（冷色）混合而成，因此是温色。这和人类长期的感觉经验是一致的，如红色，黄色，让人似看到太阳，火、炼钢炉等，感觉热；而青色、绿色，让人似看到江河湖海、绿色的田野、森林，感觉凉爽。但是色彩的冷暖既有绝对性，也有相对性，愈靠近橙色，色感愈热，愈靠近青色，色感愈冷。如红比红橙较冷，红比紫较热，但不能说红是冷色。此外，还有补色的影响。如小块白色与大面积红色对比下，白色明显地带绿色，即红色的补色（绿）的影响加到白色中。

（二）距离感

色彩可以使人感觉进退、凹凸、远近的不同，一般暖色系和明度高的色彩具有前进、凸出、接近的效果，而冷色系和明度较低的色彩则具有后退、凹进、远离的效果。室内设计中常利用色彩的这些特点去改变空间的大小和高低。

（三）重量感

色彩的重量感主要取决于明度和纯度，明度和纯度高的显得轻，如桃红、浅黄色。在室内设计的构图中常以此达到平衡和稳定的需要，以及表现性格的需要如轻飘、庄重等。

（四）尺度感

色彩对物体大小的作用，包括色相和明度两个因素。暖色和明度高的色彩具有扩散作用，因此物体显得大。而冷色和晴色刚具有内聚作用，因此物体显得小。不同的明度和冷暖有时也通过对比作用显示出来，室内不同家具、物体的大小和整个室内空间的色彩处理有密切的关系，可以利用色彩来改变物体的尺度、体积和空间感，使室内务部分之间关系更为协调。

二、色彩对人的生理和心理反应

生理心理学表明感受器官能把物理刺激能量，如压力、光、声和化学物质，转化为神经冲动，神经冲动传达到脑而产生感觉和知觉，而人的心理过程，如对先前经验的记忆、思想、情绪和注意集中等，都是脑较高级部位以一定方式所具有的机能，它们表现了神经冲动的实际活动。费厄发现，肌肉的机能和血液循环在不同色光的照射下发生变化，蓝光最弱，随着色光变为绿、黄、橙、红而依次增强。库尔特·戈尔茂坦对有严重平衡缺陷的患者进行了实验，当给她穿上绿色衣服时，她走路显得十分正常，而当穿上红色衣服时，她几乎不能走路，并经常处于摔倒的危险之中。

也有人在对色彩治疗疾病方面作了如下对应关系：

紫色——神经错乱；靛青——视力混乱；蓝——甲状腺和喉部疾病；绿——心脏病和高血压；黄——胃、胰腺和肝脏病；橙——肺、肾病；红——血脉失调和贫血。

不同的实践者，利用色彩治病有复杂的系统和处理方法，选择使用色彩的刺激去治疗人类的疾病，是一种综合艺术。

有人举例说，伦敦附近泰晤士河上的黑桥，跳水自杀者比其他桥多，改为绿色后自杀者就少了。这些观察和实验，虽然还不能充分说明不同色彩对人产生的各种各样的作用，但至少已能充分证明色彩刺激对人的身心所起的重要影响。相当于长波的颜色引起扩展的反应，而短波的颜色引起收缩的反应。整个机体由于不同的颜色，或者向外胀，或者向内收，并向机体中心集结。此外，人的眼睛会很快地在它所注视的任何色彩上产生疲劳，而疲劳的程度与色彩的彩度成正比，当疲劳产生之后眼睛有暂时记录它的补色的趋势。如当眼睛注视红色后，产生疲劳时，再转向白墙上，则墙上能看到红色的补色绿色。因此，藉林认为眼睛和大脑需要中间灰色，缺少了它，就会变得不安稳。由此可见，在使用刺激色和高彩度的颜色时要十分慎重，并要注意到在色彩组合时应考虑到视觉残像对物体颜色产生的错觉，以及能够使眼睛得到休息和平衡的机会。

三、色彩的含义和象征性

人们对不同的色彩表现出不同的好恶，这种心理反应，常常是固人们生活经验、利害关系以及由色彩引起的理想造成的，此外也和人的年龄、性格、素养、民族、习惯分不开。例如看到红色，联想到太阳，万物生命之源，从而感到崇敬、伟大，也可以联想到血，感到不安、野蛮等等。看到黄绿色，联想到植物发芽生长，感觉到春天的来临，于是把它代表青春、活力、希望、发展、和平等等。看到黑色，联想到黑夜、丧事中的黑纱，从而感到神秘、悲哀、不祥、绝望等等。看到黄色，似阳光普照大地，感到明朗、活跃、兴奋。人们对色彩的这种由经验感觉到主观联想，再上升到理智的判断，既有普通性，也有特殊性，既有共性，也有个性，既有必然性，也有偶然性，虽有正确的一面，但并未被科学所证实。因此，我们在进行选择色彩作为某种象征和含义时，应该根据具体情况具体分析，决不能随心所欲，但也不妨碍对不同色彩作一般的概括。

（一）红色

红色是所有色彩中对视觉感觉最强烈和最有生气的色彩，它有强烈地促使人们注意和似乎凌驾于一切色彩之上的力量。它炽烈似火，壮丽似日，热情奔放如血，是生命崇高的象征。人眼晶体要对红色波长调整焦距，它的自然焦点在视网膜之后，因此产生了红色目的物较前进、靠近的视错觉。红色的这些特点主要表现在高纯度时的效果，当其明度增大转为粉红色时，就戏剧性地变成温柔，顺从和女性的性质。

（二）橙色

橙色比原色红要柔和。但亮橙色（B 心 h0r：np）和橙仍然富有刺激和兴奋性，浅橙色（L 屯 ht0 鼬 8c）使人愉悦。橙色常象征活力、精神饱满和交谊性，它实际上没有消极的文化或感情上的联想。

（三）黄色

黄色在色相环上是明度最高的色彩，它光芒四射，轻盈明快，生机勃勃，具有温暖、愉悦、提神的效果，常为积极向上、进步、文明、光明的象征，但当它浑浊时（如渗入少量蓝、绿色），就会显出病态和令人作呕。

（四）绿色

绿色是大自然中植物生长、生机盎然、清新宁静的生命力量和自然力量的象征。从心理上，绿色令人平静、松弛而得到休息。人眼晶体把绿色波长恰好集中在视网膜上，因此它是最能使眼睛休息的色彩。

（五）蓝色

蓝色从各个方面都是虹色的对立面，在外貌上蓝色悬透明的和潮湿的，虹色是不透明的和干燥的，从心理上蓝色是冷的、安静的，红色是暖的、兴奋的；在性格上，红色是粗犷的，蓝色是清高的，对人机体作用，蓝色减低血压，红色增高血压，蓝色象征安静、清新、舒适和沉思。

（六）紫色

紫色是红青色的混合，是一种冷红色和沉着的红色，它精致而富丽，高贵而迷人。偏红的紫色，华贵艳丽；偏蓝的紫色，沉着高雅，常象征尊严，孤傲或悲哀。紫罗兰色是紫色的较浅的坍面色，是一种纯光谱色相，紫色是混合色，两者在色相上有很大的不同。

色彩在心理上的物理效应，如冷热、远近、轻重、大小等；感情刺激，如兴奋、消沉、开朗、抑郁、动乱、镇静等；象征意象，如庄严、轻快、刚、柔、富丽、简朴等，被人们象魔法一样地用来创造心理空间，表现内心情绪，反映思想感情。任何色相、色彩性质常有两面性或多义性，我们要善于利用它积极的一面。

其中对感情和理智的反应，不可能完全取得一致的意见。根据画家的经验，一般采用暖色相和明色调占优势的画面，容易造成欢快的气氛，而用冷色相和暗色调占优势的画面，容易造成悲伤的气氛。这对室内色彩的选择也有一定的参考价值。

第八节 室内色彩设计的基本要求和方法

一、室内色彩的基本要求

在进行室内色彩设计时，应首先了解和色彩有密切联系的以下问题：

（1）空间的使用目的。不同的使用目的，如会议室、病房、起居室，显然在考虑色彩的要求、性格的体现、气氛的形成各不相同。

（2）空间的大小、形式。色彩可以按不同空间大小、形式来进一步强调或削弱。

（3）空间的方位。不同方位在自然光线作用下的色彩是不同的，冷暖感也有差别，因此，可利用色彩来进行调整。

（4）使用空间的人的类别。老人、小孩、男、女，对色彩的要求有很大的区别，色彩应适合居住者的爱好。

（5）使用者在空间内的活动及使用时间的长短。学习的教室，工业生产车间，不同的活动与工作内容，要求不同的视线条件，才能提高效率、安全和达到舒适的目的。长时间使用的房间的色彩对视觉的作用，应比短时间使用的房间强得多。色彩的色相、彩度对比等的考虑也存在着差别。对长时间活动的空间，主要应考虑不产生视觉疲劳。

（6）该空间所处的周围情况。色彩和环境有密切联系，尤其在室内，色彩的反射可以影响其他颜色。同时，不同的环境，通过室外的自然景物也能反射到室内来，色彩还应与周围环境取得协调。

（7）使用者对于色彩的偏爱。一般说来，在符合原则的前提下，应该合理地满足不同使用者的爱好和个性，才符合使用者心理要求。

在符合色彩的功能要求原则下，可以充分发挥色彩在构图中的作用。

二、室内色彩的设计方法

（一）色彩的协调问题

室内色彩设计的根本问题是配色问题，这是室内色彩效果优劣的关键，孤立的颜色无所谓美或不美。就这个意义上说，任何蘑色都没有高低贵贱之分，只有不恰当的配色，而没有不可用之颜色。色彩效果取决于不同颜色之间的相互关系，同一蘑色在不同的背景条件下，其色彩效果可以迥然不同，这是色彩所特有的敏感性和依存性，因此如何处理好色彩之间的协调关系，就成为配色的关键问题。

如前所述，色彩与人的心理、生理有密切的关系。当我们注槐红色一定时间后，再转视白墙或闭上眼睛，就仿佛会看到绿色（即红色的补色）。此外，在以同样明亮的纯色作为底色，色块内嵌入一块灰色，如果纯色为绿色，则灰色色块看起来带有红味（即绿色的补色），反之亦然。这种现象，前者称为"连续对比"，后者称为"同时对比"。而视觉器官按照自然的生理条件，对色彩的刺激本能地进行调剂，以保持视觉上的生理平衡，并且只有在色彩的互补关系建立时，视觉才得到满足而趋于平衡。如果我们在中间灰色背景上去观察一个中灰色的色块，那么就不会出现和中灰色不同的视觉现象。因此，中间灰色就同人们槐觉所要求的于衡状况相适应，这就是在考虑色彩平衡与协调时的客观依据。

色彩协调的基本概念是由白光光谱的颜色，按其波长从紫到红排列的，这些纯色彼此协调，在纯色中加进等量的黑或白所区分出的颜色也是协调的，但不等量时就不协调。例如米色和绿色、红色与棕色不协调，海绿和黄接近纯色是协调的。在色环上处于相对地位并形成一对互补色的那些色相是协调的，将色环三等分，造成一种特别和谐的组合。色彩的近似协调和对比协调在室内色彩设计中都是需要的。近似协调固然能给人以统一和谐的平静感觉，但对比协调在色彩之间的对立、冲突所构成的和谐关系却更能动人心魄，关键在于正确处理和运用色彩的统一与变化规律。和谐就是秩序，一切理想的配色方案，所有相邻光色的间隔是一致的，在色立体上可以找出 7 种协调色的排列规律。

①表明明度变化在垂直线上移动，色相和彩度都不变。正如自然界中的阴晴变化，它适用于做大面积的统一背景，例如暗的灰绿色地面和亮的灰绿色墙面。

②表明色相和明度不变，彩度在水平方向移动。它可用于两个引起不同注意的物件上，例如灰黄色墙上挂上彩度较高的黄颜色图画。

③表明色相不变，明度和彩度都变化，在斜线上移动，这种色调系统能使眼睛朝向较亮的地方。例如用于以窗为焦点，窗帘比窗亮，而墙面的彩度又比窗高。

④和①相对应，彩度不变，明度和色相作规则变化，例如采用深蓝绿色地毯与稍微更黄更亮的墙面。

⑤和②相对应，明度不变，彩度与色相作规则变化。例如把彩度较高的绿色搪瓷品布置在靠近一把较暗蓝椅子旁，其明度相同。

⑥和③相对应，明度、彩度与色相都作规律变化，这个色调关系很自然地使人从一个低明度、低彩度的色相移向亮的、彩度高的另一色相，这在自然界中最富于刺激，我们可以联想到太阳的光辉，使眼睛迅速地朝向最亮的地方，它适用于引导视线注意的趣味中心。

⑦表明明度、彩度一致，色相作有规则的变化，具有各色相

的彩虹，可以取其前、中、后三部分具有吸引人的间隔，作为该类色彩协调的模式，这种色彩的组合能引起人们的注意。

（二）室内色调的分类与选择

根据上述的色彩协调规律室内色调可以分为下列几种：

（1）单色调。以一个色相作为整个室内色彩的主调，称为单色调。单色调可以取得宁静、安详的效果，并具有良好的空间感以及为室内的陈设提供良好的背景。在单色调中应特别注意通过明度及彩度的变化，加强对比，并用不同的质地、图案及家具形状，来丰富整个室内。单色调中也可适当加入黑白五彩色作为必要的调剂。

（2）相似色调。相似色调是最容易运用的一种色彩方案，也是目前最大众化和探受人们喜爱的一种色调，这种方案只用两三种在色环上互相接近的颜色，如黄，橙、橙红、蓝、蓝紫、紫等，所以十分和谐。相似色同样也很宁静、清新，这些颜色也由于它们在明度和彩度上的变化而显得丰富。一般说来，需要结合无彩体系，才能加强其明度和彩度的表现力。

（3）互补色调。互补色调或称对比色调，是运用色环上的相对位置的色彩，如青与橙、红与绿、黄与紫，其中一个为原色，另一个为二次色。对比色使室内生动而鲜亮。但采用对比色必须慎重，其中一色应始终占支配地位，使另一色保持原有的吸引力。过强的对比有使人震动的效果，可以用明度的变化而加以"软化"，同时强烈的色彩也可以减低其彩度，使其变灰而获得平静的效果。采用对比色意味着这房间中具有互补的冷暖两种颜色，对房间来说显得小些。

（4）分离互补色调。采用对比色中一色的相邻两色，可以组成三个颜色的对比色调，获得有趣的组合。互补色（对比色），双方都有强烈表现自己的倾向，用得不当，可能会削弱其表现力，而采用分离互补，如红与黄绿和蓝绿，就能加强红色的表现力。

如选择橙色，其分离互补色为蓝绿和蓝紫，就能加强橙色的表现力。通过此三色的明度和彩度的变化，也可获得理想的效果。

（5）双重互补色调。双重互补色调有两组对比色同时运用，采用 4 个颜色，对小的房间来说可能会造成混乱，但也可以通过一定的技巧进行组合尝试，使其达到多样化的效果。对大面积的房间来说，为增加其色彩变化，是一个很好的选择。使用时也应注意两种对比中应有主次，对小房间说来更应把其中之一作为重点处理。

（6）三色对比色调。在色环上形成三角形的 3 个颜色组成三色对比色调，如常用的黄、青、红三原色，这种强烈的色调组合适于文娱主等。如果将黄色软化成金色，红的加深成紫红色，蓝的加深成靛蓝色，这种色彩的组合如在优雅的房间中布置贵重色调的东方地毯。如果将此三色都软化成柔和的玉米色、玫瑰色和亮蓝色，其组合的结果常像我们经常看到的印花布和方格花呢，这种轻快的、娇嫩的色调，宜用于小女孩卧室或小食部。其他的三色也基于对比色调如绿、紫、橙，有时显得非常耀眼，并不能吸引入，但当用不同的明度和彩度变化后，可以组成十分迷人的色调来。

（7）无彩色调。由黑、灰、白色组成的无彩系，是一种十分高级和高度吸引人的色调。采用黑、灰、白无彩系色调，有利于突出周围环境的表现力，因此，在优美的风景区以及繁华的商业区，高明的建筑师和室内设计师都是极力反对过分的装饰或精心制作饰面，因为它们只会有损于景色。贝聿铭设计的香山饭店和约瑟夫杜尔索设计的纽约市区公寓，室内色彩设计极其成功之处，就在这里。在室内设计中，粉白色、米色、灰白色以及每种高明度色相，均可认为是无彩色，完全由无彩色建立的色彩系统，非常平静。但由于黑与白的强烈对比，用量要适度，例如大于2/3为白色面积，小于1/3为黑色，在一些图样中可以用一些灰。

在某些黑白系统中，可以加进一种或几种纯度较高的色相，如黄、绿、青绿或红，这和单色调的性质是不同的，因其无彩色占支配地位，彩色只起到点缀作用，也可称无彩色与重点色相结合的色调。这种色调，色彩丰富而不紊乱，彩色面积虽小而重点更为突出，在实践中被广泛运用。

无论采用哪一种色调体系，决不能忘记无彩色在协调色彩上起着不可忽视的作用。白色，几乎是唯一可以推荐作为大面积使用的色彩。黑色，根据卡尔·阿克塞尔教授的社会调查，认为是具有力量和权力的象征。我们实际生活中，也可以看到凡是采用纯度极高的鲜明色彩，如服装，当鲜红色、翠绿色等一经与黑色配合，不但使其色彩更为光彩夺目，而且整个色调显得庄重大方，避免了娇艳轻薄之感。当然，也不能无限制地使用，以免引起色彩上的混乱和乏味。

（三）室内色彩构图

综上所述，色彩在室内构图中常可以发挥特别的作用。

（1）可以使人对某物引起注意，或使其重要性降低。

（2）色彩可以使目的物变得最大或最小。

（3）色彩可以强化室内空间形式，也可破坏其形式。例如：为了打破单调的六面体空间，采用超级平面美术方法，它可以不依天花、墙面、地面的界面区分和限定，自由地、任意地突出其抽象的彩色构图，模糊或破坏厂空间原有的构图形式。

（4）色彩可以通过反射来修饰。由于室内物件的品种、材料、质地、形式和彼此在空间内层次的多样性和复杂性，室内色彩的统一性，显然居于首位。一般可归纳为下列各类色彩部分：

背景色。如墙面、地面、天棚，它占有极大面积并起到衬托室内一切物件的作用，因此，背景色是直内色彩设计中首要考虑和选择的问题。

不同色彩在不同的空间背景（天棚、墙面、地面）上所处的位置，对房间的性质、对心理知觉和感情反应可以造成很大的不同，一种特殊的色相虽然完全适用于地面，但当它用于天棚上时，则可能产生完全不同的效果。现将不同色相用于天棚、墙面、地面时，作粗浅分析：

①红色。天棚：干扰，重。墙面：进犯的，向前的。地面：留意的，警觉的。

纯红除了当作强调色外，实际上是很少用的，用得过分会增加空间的复杂性，应对其限制更为适合。

②粉红色。天棚：精致的，悄悦舒适的，或过分甜蜜，决定于个人爱好。墙面：软弱，如不是灰调则太甜。地面：或许过于精致，较少采用。

③褐色。天棚：沉闷压抑和重（如果为暗色）。墙面：如为木质是稳妥的。地面：稳定沉着的。

褐色在某些情况下，会唤起糟粕的联想，设计者需慎用。

④橙色。天棚：引起注意和兴奋。墙面：暖和与发亮的。地面：活跃，明快。橙色比红色更柔和，有更可相处的魅力，反射在皮肤上可以加强皮肤的色调。

⑤黄色。天棚：发亮（如果近于柠檬黄），兴奋。墙面：暖（如果近于橙色），如果彩度高引起不舒服。地面：上升、有趣的。

因黄色的高度可见度，常用于有安全需要之处，黄比白更亮，常用于光线暗淡的空间。

⑥绿色。天棚：保险的，但反射在皮肤上不美。墙面：冷、安静的，可靠的，如果是眩光（绿色电光）引起不舒服。地面：自然的（在某饱和点上），柔软、轻松、冷（如近于蓝）。

绿色与蓝绿色系，为沉思和要求高度集中注意的工作提供了一个良好的环境。

⑦蓝色。天棚：如天空，冷、重和沉闷（如为睹色）。墙

面：冷和远（如为浅蓝），促进加探空间（如果为暗色）。地面：引起容易运动的感觉（如为浅蓝），结实（如为暗色）。

蓝色趋向于冷，荒凉和悲凉。如果用于大面积，淡浅蓝色由于受人眼晶体强力的折射，因此使环境中的目的物和细部受到变模糊的弯曲。

⑧紫色。天棚：除了非主要的面积，很少用于室内，在大空间里，紫色扰乱眼睛的焦点，在心理上它表现为不安和抑制。

⑨灰色。天棚：暗的。墙面：令人讨厌的中性色调。地面：中性的。

像所有中性色彩一样，灰色没有多少精神治疗作用。

⑩白色。天棚：空虚的（有助于扩散光源和减少阴影）。墙面：空，枯爆无味，没有活力。地面：似告诉人们，禁止接触（不要在上面走）。

白色过去一直认为是理想的背景，然而缺乏考虑其在装饰项目中的主要性质和环境印象，并且在白色和高彩度装饰效果的对比，需要极端的从亮至暗的适应变化，会引起眼睛疲倦。此外，低彩度色彩与白色相对布置看来很乏味和平淡，白色对老年人和恢复中的病人都是一种悲惨的色彩。因此，从生理和心理的理由不用白色或灰色作为在大多数环境中的支配色彩，是有一定道理的。但白色确实能容纳各种色彩，作为理想背景也是无可非议的，应结合具体环境和室内性质，扬长避短，巧于运用，以达到理想的效果。

⑪黑色。天棚：空虚沉闷得难以忍受。墙面：不祥的，象地牢；地面：奇特的，难于理解的。

运用黑色要注意面积一般不宜太大，如某些天然的黑色花岗石、大瑾石，是一种稳重的高档材料，作为背景或局部地方的处理，如使用得当，能起到其他色彩无法代替的效果。

（2）装修色彩。如门、窗、通风孔、博古架、墙裙、壁柜等，它们常和背景色彩有紧密的联系。

（3）家具色彩。各类不同品种、规格、形式、材料的各式家具，如橱柜、梳妆台、床、桌、椅、沙发等，它们是室内陈设的主体，是表现室内风格、个性的重要因素，它们和背景色彩有着密切关系，常成为控制室内总体效果的主体色彩。

（4）织物色彩。包括窗帘、帷幔、床罩、台布，地毯，沙发、座椅等蒙面织物。室内织物的材料、质感、色彩、图案五光十色，千姿百态，和人的关系更为密切，在室内色彩中起着举足轻重的作用，如不注意可能成为干扰因素。织物也可用于背景，也可用于重点装饰。

（5）陈设色彩。灯具、电视机、电冰箱、热水瓶、烟灰缸、日用器皿、工艺晶、绘画雕塑，它们体积虽小，常可起到画龙点睛的作用，不可忽视。在室内色彩中，常作为重点色彩或点缀色彩。

（6）绿化色彩。盆景、花篮、吊篮、插花、不同花卉、植物，有不同的姿态色彩、情调和含义，和其他色彩容易协调，它对丰富空间环境，创造空间意境，加强生活气息，软化空间肌体，有着特殊的作用。

根据上述的分类，常把室内色彩概括为三大部分：

（1）作为大面积的色彩，对其他室内物件起衬托作用的背景色；

（2）在背景色的衬托下，以在室内占有统治地位的家具为主体色；

（3）作为室内重点装饰和点缀的面积小却非常突出的重点色或称强调色。

以什么为背景、主体和重点，是色彩设计首先应考虑的问题。同时，不同色彩物体之间的相互关系形成的多层次的背景关系，如沙发以墙面为背景，沙发上的靠垫又以沙发为背景，这样，对掌垫说来，墙面是大背景，沙发是小背景或称第二背景。

另外，在许多设计中，如墙面、地面，也不一定只是一种色彩，可能会交叉使用多种色彩，图形色和背景色也会相互转化，必须予以重视。

色彩的统一与变化，是色彩构图的基本原则。所采取的一切方法，均为达到此目的而做出选择和决定，应着重考虑以下问题：

（1）主调。室内色彩应有主调或暮调，冷暖、性格、气氛都通过主调来体现。对于规模较大的建筑，主调更应贯穿整个建筑空间，在此基础上再考虑局部的、不同部位的适当变化。主调的选择是一个决定性的步骤，因此必须和要求反应空间的主题十分贴切。即希望通过色彩达到怎样的感受，是典雅还是华丽，安静还是活跃，纯朴还是奢华。用色彩语言来表达不是很容易的，要在许多色彩方案中，认真仔细地去鉴别和挑选。北京香山饭店为了表达如江南民居的朴素、雅静的意境，和优美的环境相协调，在色彩上采用了接近无彩色的体系为主题，不论墙面、顶棚、地面、家具、陈设，都贯彻了这个色彩主调，从而给人统一的、完整的、深刻的、难忘的、有强烈感染力的印象。主调一经确定为五彩系，设计者绝对不应再迷恋于市场上五彩缤纷的各种织物、用品、家具，而是要大胆地将黑、白、灰这种色彩用到干常不常用该色调的物件上去。这就要求设计者摆脱世俗的偏见和陈规，所谓"创造"也就体现在这里。

（2）大部位色彩的统一协调。主调确定以后，就应考虑色彩的旋色部位及其比例分配。作为主色调，一般应占有较大比例，而次色调作为与主调相协调（或对比）色，只占小的比例。

上述室内色彩的三大部分的分类，在室内色彩设计时，决不能作为考虑色彩关系的唯一依据。分类可以简化色彩关系，但不能代替色彩构思，因为，作为大面积的界面，在某种情况下，也可能作为室内色彩重点表现对象。例如，在室内家具较少时或周边布置家具的地面，常成为视觉的焦点，而予以重点装饰。因此，可以根据设计构思，采取不同的色彩层次或缩小层次的变化。选择和确定图底关系，突出视觉中心，例如：

①用统一顶棚、地面色彩来突出墙面和家具；

②用统一墙面、地面来突出顶棚、家具；

③用统一顶棚、墙面来突出地面、家具；

④用境一顶棚、地面、墙面来突出家具。

这里应注意的是如果家具和周围墙面较远，如大厅中岛式布置方式，那么家具和地面可看作是相互衬托的层次。这一层次可用对比方法宋加强区别变化，也可用统一办法来削弱变化或各自结为一体。

在作大部位色彩协调时，有时可以仅突出一两件陈设，即用统一顶棚、地面，墙面、家具来突出陈设，如墙上的画、书橱上的书、桌上的摆设、座位上的座垫以及灯具、花卉等。由于室内各物件使用的材料不同，即使色彩一致，由于材料质地的区别还是显得十分丰富的，这也可算作室内色彩构图中难得具有的色彩丰富性和变化性的有利因素。因此，无论色彩简化到何种程度也决不会单调。

色彩的统一，还可以采取选用材料的限定来获得。例如可以用大面积木质地面、墙面、顶棚、家具等。也可以用色、质一致的蒙面织物来用于墙面、窗帘、家具等方面。某些设备，如花卉盛具和某些陈设品，还可以采用套装的办法，来获得材料的统一。

（3）加强色彩的魅力。背景色、主体色、强调色三者之间的色彩关系决不是孤立的、固定的，如果机械地理解和处理，必然千篇一律，变得单调。换句话说，既要有明确的图底关系、层次关系和视觉中心，但又不刻板、僵化，才能达到奉富多彩。

这就需要用下列三个办法：

①色彩的重复或呼应。即将同一色彩用到关键性的几个部位上去，从而使其成为控制辖个室内的关键色。例如用相同色彩于家具、窗帘、地毯，使其他色彩居于次要的、不明显的地位。同

时，也能使色彩之间相互联系，形成一个多样统一的整体，色彩上取得彼此呼应的关系，才能取得视觉上的联系和唤起视觉的运动。例如白色的墙面衬托出红色的沙发，而红色的沙发又衬托出白色的靠垫，这种在色彩上图底的互换性，既是简化色彩的手段，也是活跃图底色彩关系的一种方法。

②布置成有节奏的连续。色彩的有规律布置，容易引导视觉上的运动，或称色彩的韵律感。色彩韵律感不一定用于大面积，也可用于位置接近的物体上。当在一组沙发、一块地毯、一个靠垫、一幅画或一簇花上都有相同的色块而取得联系，从而使室内空间物与物之间的关系，像"一家人"一样，显得更有内聚力。墙上的组画、椅子的座垫，瓶中的花等均可作为布置韵律的地方。

③用强烈对比。色彩由于相互对比而得到加强，一经发现室内存在对比色，也就是其他色彩退居次要地位，视觉很快集中于对比色。通过对比，各自的色彩更加鲜明，从而加强了色彩的表现力。提到色彩对比，不要以为只有红与绿、黄与紫等，色相上的对比，实际上采用明度的对比、彩度的对比、清色与浊色对比、彩色与非彩色对比，常比用色相对比还多一些。整个室内色彩构图在具体进行样板试验或作草图的时候，应该多次进行观察比较，即希望把哪些色彩再加强一些，或哪些色彩再减弱一些，来获得色彩构图的最佳效果。不论采取何种加强色彩的力量和方法，其目的都是为了达到室内的统一和协调，加强色彩的魅力。

室内的趣味中心或室内的重点，常常是构图中需要考虑的，它可以是一组家具、一幅壁画、床头靠垫的布置或其他形式，可以通过色彩来加强它的表现力和吸引力。但加强重点，不能造成色彩的孤立。

总之，解决色彩之间的相互关系，是色彩构图的中心。室内色彩可以统一划分成许多层次，色彩关系随着层次的增加而复杂，随着层次的减少而简化，不同层次之间的关系可以分别考虑为背景色和重点色（用通俗话说，就是衬色和显示色）。背景色常作为大面积的色彩宜用灰调，重点色常作为小面积的色彩，在彩度、明度上比背景色要高。在色调统一的基础上可以采取加强色彩力量的办法，即重复、韵律和对比强调室内某一部分的色彩效果。室内的趣味中心或视觉焦点或重点，同样可以通过色彩的对比等方法来加强它的效果。通过色彩的重复、呼应、联系，可以加强色彩的韵律感和丰富感，使室内色彩达到多样统一，统一中有变化，不单调、不杂乱，色彩之间有主有从有中心，形成一个，形成一个完整和谐的整体。

第十章　室内家具与陈设

家具是人们生活的必需品，不论是工作、学习、休息，或坐或卧或躺，都离不开相应家具的依托。此外，在社会、家庭生活中的许多各式各样、大大小小的用品，也均需要相应的家具来收纳、隐藏或展示。因此，家具在室内空间中占有很大的比例和很重要的地位，对室内环境效果起着重要的影响。

家具的发展与当时社会的生产技术水平、政治制度、生活方式、风格习俗、思想观念以及审美意识等因素有着密切的联系。家具的发展史也是一部人类文明、进步的历史缩影。

第一节　家具的发展

一、我国传统家具

根据象形文、甲骨文和商、周代铜器的装饰纹样推测，当时已产生了几、榻、桌、案、箱柜的雏形。河南信阳春秋战国时代楚墓的出土文物及湖南长沙战国墓中的漆案、雕花木几和木床，反映当时已有精美的彩绘和浮雕艺术。从商周到秦汉时期，由于人们以席地跪坐方式为主，因此家具都很矮。从汉代的砖石画像上，可知屏风已得到广泛使用。从魏晋南北朝时期，在晋朝顾恺之的洛神赋图和北魏司马金龙墓漆屏风画中看，当时已有餐榻，敦煌壁画中凳、椅、床、塌等家具尺度已加高。一直到隋唐时期，逐渐由席地而坐过渡到垂足座椅。唐代已制作了较为定型的长桌、方凳、腰鼓凳、扶手椅、三折屏风等，可从唐宫廷画院顾闳中的《韩熙夜宴图》及周文矩的《重屏绘棋图》中看到各种类型的几、桌、椅、靠背椅、三折屏风等。至五代时，家具在类型上已基本完善。宋辽金时期，从绘画（如宋苏汉臣的《秋庭婴戏图》）和出土文物中反映出，高型家具已普及，垂足坐已代替了席地而坐，家具造型轻巧，线脚处理丰富。北宋大建筑学家李诚完成了有 34 卷的《营造法式》巨著，并影响到家具结构形式，采用类似梁、枋、柱、雀等形式。元代在宋代基础上有所发晨。

明、清时期，家具的品种和类型已都齐全，造型艺术也达到了很高的水平，形成了我国家具的独特风格。明清时期海运发达，东南亚一带的木材，如黄花梨、紫檀等，流入我国。园林建筑也十分盛行，而特种工艺，如丝、雕漆、玉雕、陶瓷、景泰蓝也日趋成热，为家具陈设的进一步发展提供了良好的条件。

明代家具在我国历史上占有最重要的地位，以形式简捷、构造合理著称于世。其基本特点是：

（1）重视使用功能，基本上符合人体科学原理，如座椅的靠背曲线和扶手形式。

（2）家具的构架科学，形式简捷，构造合理，不论从整体或各部件分析，既不显笨重又不过于纤弱。

（3）在符合使用功能、结构合理的前提下，根据家具的特点进行艺术加工，造型优美，比例和谐，重视天然材质纹理、色泽的表现，选择对结构起加固作用的部位进行装饰，没有多余冗繁的不必要的附加装饰。这种正确的审美观念，和高明的艺术处理手法，是中外家具史上罕见的，达到了功能与美学的高度统一，即使在今天，与现代家具相比也毫不逊色，并且沿用至今，饮誉中外。明代家具常用黄花梨、紫檀、红木、楠木等硬性木材，并采用了大理石、玉石、贝螺等多种镶嵌艺术。

清代家具趋于华丽，重雕饰，并采用更多的嵌、绘等装饰手法，于现代观点来看，显得较为繁冗、艇重，但由于其装饰精美、豪华富丽，在室内起到突出的装饰效果，仍然获得不少中外人士的喜欢，在许多场合下至今还在沿用，成为我国民族风格的又一杰出代表。

二、国外古典家具

（一）埃及、希腊、罗马家具

首次记载制造家具的是埃及人。古埃及人较矮（人均约 1。s2m），并有蹲坐的习惯，因此座椅较低。

（1）古埃及家具特征：由直线组成，直线占优势；动物髓脚（双腿静止时的自然姿势，放在圆柱形支座上）椅和床（延长的椅子），譬的方形或长方形靠背和宽低的座面，侧面成内凹或曲线形，采用几何或螺旋形植物图案装饰，用贵重的涂层和各种材料镶嵌，用色鲜明、富有象征性；凳和椅是家具的主要组成部分，有为数众多的柜子用作储藏衣被、亚麻织物。

埃及家具对英国摄政时期和维多利亚时期及法国帝国时期影响显著。

（2）古希腊（公元前650—前30年）人生活节俭，家具简单朴素，比例优美，装饰简朴，但已有丰富的织物装饰，其中著名的"克利奈"椅（Klismos），是最早的形式，有曲面靠背，前后腿呈"八"字形弯曲，凳子是普通的，长方形三腿桌是典型的，床长而直，通常较高，且需要脚凳。

在古希腊书中已提到在木材上打蜡，关于木材的干燥和表面装饰等情况，和埃及有同样高的质量。19世纪末，希腊文艺复兴运动十分活跃，一些古典的装饰图案，可在英国的维多利亚时代的例子中看到。

（3）我们对古罗马的家具知识来自壁画、雕刻和拉丁文中偶然有关家具的记载，而罗马家庭的家具片段，保存在庞贝城和赫库兰尼姆的遗址中。

古罗马家具设计是希腊式样的变体，家具厚重，装饰复杂、精细，采用镶嵌与雕刺，旋车盘鹿脚、动物、狮身人面及带有翅膀的鹰头狮身的怪兽，桌子作为陈列或用餐，腿脚有小的支撑，椅背为凹面板；在家具中结合了建筑特征，采用了建筑处理手法，三腿桌和基座很普遍，使用珍贵的织物和垫层。

（二）中世纪高直和文艺复兴时期的家具

在中世纪，西欧处于动乱时期，罗马帝国崩溃后，古代社会的家具也随之消失。中世纪富人住在装饰贫乏的城堡中，家具不足，在骚乱时期少有幸存者。拜占庭时期（323—1453），除富有者精心制作的嵌金和象牙的椅子外，家具类型也不多。

（1）高直时期（1150—1500）家具特征：采用哥特式凄筑形式和厚墙的细部设计，采用律筑的装饰主题，如拱、花窗格、四叶式（建筑）、布卷榴皱、雕刻品和楼雕，柜子和座位部件为罐板结构，柜子既作储藏又用作座位。

（2）意大利文艺复兴时期（1400—1650），为了适应社会交往和接待增多的需要，家具靠墙布置，井沿墙布置了半身雕像、绘画、装饰品等，强调水平线，使墙面形成构图的中心。

意大利文艺复兴时期的家具的特征是：普遍采用直线式，以古典浮雕图案为特征，许多家具放在矮台座上，椅子上加装垫子，家具部件多样化，除用少量橡木、杉木、丝柏木外，核桃木是唯一所用的，节约使用木材，大型图案的丝织品用作槽座等的装饰。

（3）西班牙文艺复兴时期（1400—1600）的家具许多是原始的，特征是：厚重的比例和矩形形式，结构简单，缺乏运用建筑细部的装饰，有铁支撑和支架，钉头处显露，家具体形大，富有男性的阳刚气，色彩鲜明（经常掩饰低级工艺），用压印图案或简单的皮革装饰（座椅），采用校桃木比松木更多，图案包括短的凿纹，几何形图案，鹿脚是"八"字形式倾斜的，采用铁和银的玫瑰花饰、垦状装饰以及贝壳作为装饰。

（4）法国文艺复兴时期（1485—1643）的家具的特征：厚重、轮廓鲜明的浮雕，由擦亮的橡木或枝蠕木制虚，在后期出现乌木饰面板，椅子有象御座的靠背，直扶手，以及有旋成球状、螺旋形或栏杆柱形的髓，带有小圃面包形或荷兰式淤涡饰的脚，使用上色木的镶嵌细工、玑瑁壳、镀金金属、珍珠母、象牙，家具的部分部件用西班牙产的科尔多瓦皮革、天鹅绒、针绣花边、锦缎及流苏等装饰物装饰，装饰图案有橄榄树枝叶、月桂树叶、打成漩涡叶箔，阿拉伯式图案、玫瑰花饰、漩涡花饰，曰雕饰、贝壳、怪物、鹰头狮身带翅膀的怪物，棱形物、奇形怪状的人物图案、女人像柱，家具连接处被隐蔽起来。

（三）巴洛克时期（1643—1700）

（1）法国巴洛克风格亦称法国路易十四风格，其家具特征为：雄伟、带有夸张的、厚重的古典形式，雅致优美重于舒适，虽然用了垫子，采用直线和一些圆弧形槽线相结合和矩形、对称结构的特征，采用橡木、檀桃木及某些欧椴和梨木，嵌用斑木、鹅掌楸木等，家具下部有斜撑；结构牢固，直到后期才取消横档；既有雕刻和镶嵌细工，又有镀金或部分镀金或银、镶嵌、涂漆、绘画，在这个时期的发展过程中，原为直屉变为曲线腿，桌面为大理石和嵌石细工，高靠背椅，靠墙布置的带有精心雕刻的下部斜撑的蜗形髓狭台：装饰图案包括嵌有宝石的旭日形饰针，围绕头部有射线，在卵形内双重"L"形，森林之神的假面，"c'"铲形曲线、海豚、人面狮身、狮头和爪、公羊头或角、橄榄叶、菱形花、水果、蝴蝶、矮棕榈和睡莲叶不规则分散布置及人类寓言、古代武器等。

（2）英国安尼皇后式（1702—1714）：家具轻巧优美，做工优良，无强劲线条，并考虑人体尺度，形状适合人体。椅背、腿、座面边缘均为曲线，装有舒适的软垫，用法国、意大利有着美画木纹的胡枕木作饰面，常用木材有榆、山毛榉、紫杉、果木等。

（四）洛可可时期（1730—1760）

（1）法国路易十五时期的家具特征：家具是娇柔和雅致的，符合人体尺度，重点放在曲线上，特别是家具的腿，无横档，家具比较轻巧，因此容易移动；枝桃木、红木，果木均使用，以及薜料、蒲制品和麦杆；华丽装饰包括雕刻、镶嵌、镀金物、抽漆、彩饰、镀金。初期有许多新家具引进或大量制造，采用色彩柔和的织物装饰家具，图案包括不对称的断开的曲线、花、扭曲的漩涡饰、贝壳、中国装饰艺术风格、乐器（小提琴、角制号角、鼓）、爱的标志（持弓箭的丘比特）、花环、牧羊人的场面、战利品饰（战役象征的装饰布置）、花和动物。

（2）英国乔治早期（1714—1750）：1730年前均为浓厚的巴洛克风格，1730年后洛可可风格开始大众化，主要装饰有细雕刻、镶嵌装饰品、镀金石膏。装饰图案有辫头、假面、鹰头和展开的翅膀、贝壳、希腊神面具、建筑柱头、裂开的山墙等。

直到 1750年油漆家具才普及，乔治后期，广泛使用直线和直线形家具，小尺度，优美的装饰线条，逐渐变细的直腿，不用横档，有些家具构件过于纤细。

（五）新古典主义（1760—1789）

（1）法国路易十六时期的家具特征，古典影响占统治地怔，家具更轻、更女性化和细软，考虑人体舒适的尺度，对称设计，带有直线和几何形式，大多为喷漆的家具，橱柜和五斗柜是矩形的，在箱盒上的五金吊环饰有四周框架图案，座椅上装坐垫，直线腿，向下部逐渐变细，箭袋形或细长形，有凹槽，椅靠背是矩形、卵形或圆雕饰，顶点用青铜制，金属镶嵌是有节制的，镶嵌细工及镀金等装潢都很精美雅致，装饰图案源于希腊。

（2）法国帝政时期（1804—1815）：家具带有刚健曲线和雄

伟的比例，体量厚重，装饰包括厚重的干木板、青铜支座，镶嵌宝石、银、浅浮雕、镀金，广泛使用漩涡式曲线以及少量的装饰线条，家具外观对称统一采用暗销拍胶粘结构。1810年前一直使用红木，后采用橡本、山毛榉、枫木、柠撮木等。

（3）英国摄政时期（1811—1830）：设计的舒适为主要标准，形式、线条、结构、表面装饰都很简单，许多部件是矩形的，以红本、黑，黄檀为主要木材。装饰包括小雕刻、小凸线、雕楼台金，黄铜嵌带，狮足，采用小脚轮，柜门上采用金属线格。

（六）维多利亚时期

19世纪是混乱风格的代衰，不加区别地综合历史上的家具形式。图案花纹包括古典、洛可可、哥特式，文艺复兴、东方的土耳其等十分嘱杂。设计趋于退化。1880年后，家具由机器制作，采用了新材料和新技术，如金属管材、铸铁、弯曲木、层压木板。椅子装有螺旋弹簧，装饰包括镶嵌、油漆、镀金，雕刻等。采用虹本、橡木、青龙木、乌木等。构件厚重，家具有舒适的曲线及圆角。

三、近现代家具

19世纪末到 20世纪初，新艺术运动摆脱了历史的束缚，澳大利亚托尼（Thone）设计了曲本扶手椅。继新艺术运动之后，风格振兴起，早在1918年，里特维尔德设计了著名的红、黄、蓝三色椅，并在1934年设计了Z字形椅。西方许多著名建筑师都亲自设计了许多家具，如鞍特（1896—1959）为Larkin建筑设计了第一把金属办公椅。L勒·柯布酉耶（1887—1965）在1927年设计的镀铬钢管构架上用皮革作饰面材料的可调整角度的躺椅，在1929年设计的可转动的扶手椅。米斯在 1929年设计的"巴塞罗那"椅，也著称于世。

在不到100年的时间里，现代家具的崛起使家具设计发生了划时代的变化，设计者关于使用的基本出发点是，考虑现代人是如何活动、坐、躺的。他们的姿态和习惯与中世纪或其他年代有什么变化？他们拥有哪些东西要储藏或使用？对于这些现实情况，怎样布置最为适宜？现代家具的成就，主要表现在以下几方面：

（1）把家具的功能性作为设计的主要因素。

（2）利用现代先进技术和多种新材料、加工工艺，如冲压、模铸、注塑、热固成型、镀铬、喷漆、烤漆等。新材料如不锈钢、铝合金板材、管材、玻璃钢、硬质塑料、皮革、尼龙、胶合板、弯曲木，适合于工业化大量生产要求。

（3）充分发挥材料性能及其构造特点，显示材料固有的形、色、质的本色。

（4）结合使用要求，注重整体结构形式简捷，排除不必要的无为装饰。

（5）不受传统家具的束缚和影响，在利用新材料、新技术的条件下，创造出了一大批前所未有的新形式，取得了革命性的伟大成就，标志着崭新的当代文化、审美观念。

在国际风格流行时，北欧诸国如丹麦、瑞典、挪威和芬兰等，结合本地区、本民族的生产技术和审美观念，创造了饮誉全球的具有自己特色的家具系列饰品。做工细腻，色泽光沽、淡雅、朴实而富有人情味，为当代家具做出了又一卓越贡献。

到20世纪六七十年代，家具发展更是日新月异，流振纷呈。如 80年代出现的孟菲斯新潮家具和当代法国的先锋派家具艺术，并更重视家具的系列化、组合化、装卸化，为不同使用需要，提供多样性和选择性。

第二节　家具的尺度与分类

一、人体工程学与家具设计

家具居为人使用的，是服务于人的而不是相反，因此，家具设计包括它的尺度、形式及其布置方式，必须符合人体尺度及人体各部分的活动规律，以便达到安全、舒适、方便的目的。

人体工程学对人和家具的关系，特别对在使用过程中家具对人体产生的生理、心理反应进行了科学的实验和计测，为家具设计做出了科学的依据，并根据家具与人和物的关系及其密切的程度对家具进行分类，把人的工作、学习、休息等生活行为分解成各种姿势模型，以此来研究家具设计，根据人的立位、座位的基准点来规范家具的基本尺度及家具间的相互关束。

良好的家具设计可以减轻人的劳动，提高工作效率，节约时间，维护人体正常姿态并获得身心健康。

二、设计的基准点和尺度的确定

人和家具、家具和家具（如桌和椅）之间的关系是相对的，并应以人的基本尺度（站、坐、卧不同状况）为准则来衡量这种关系，确定其科学性和准璃性，并决定相关的家具尺寸。

人的立位基准点是以地面作为设计零点标高，即脚底后正点加鞋厚位置。坐位基准点是以坐骨结节点为准，蹲位基准点是以髋关节转动点为准。

对于立位使用的家具（如柜）以及不设座椅的工作台等，应以立位基准点的位置计算，而对位使用的家具（桌、椅等），过去确定桌椅的高度均以地面作为基准点，这种依据和人体尺度无关的，实际上人在座位时，眼的高度，肘的位置、脚的状况，都只

260

能从坐骨结节点为准计算，而不能以无关的脚底的位置为依据。

因此：桌面高＝桌面至座面差＋座位基准点高

一般桌面至座面差为250—300cm。

座位基准点高为390—410cm。

所以一般桌高在640cm（390cm＋250cm）—710cm（410cm＋300cm）这个范围内。

桌面与座面高差过大时，双手臂会被迫抬高而造成不适；当然高差过小时，桌下部空间相应变小，而不能容纳腿部时，也会造成困难。

三、家具的分类与设计

室内家具可按其使用功能、制作材料、结构构造体系、组成方式以及艺术风格等方面来分类。

（一）按使用功能分类

即按家具与人体的关系和使用特点分为：

（1）坐卧类。支持整个人体的椅、凳、沙发、卧具、躺椅、床等。

（2）凭倚类。人体以进行操作的书桌、餐桌、柜台、作业台及几案等。

（3）贮存类。作为存放物品用的壁橱、书架、搁板等。

（二）按制作材料分类

不同的材料有不同的性能，其构造和家具造型也各具特色，家具可以用单一材料制成，也可和其他材料结合使用，以发挥各自的优势。

（1）木制家具。木材质轻，强度高，易于加工，而且其天然的纹理和色泽，具有很高的观赏价值和良好手感，使人感到十分亲切，是人们喜欢的理想家具材料。自从弯曲层积木（LaminatedWood）和层压板（P{ywood）加工工艺的发明，使木质家具进一步得到发晨，形式更多样，更富有现代感，更便于和其他材料结合使用，常用的木材有柳桉、水曲柳、山毛、柚木、榭木、红木、花梨木等。

（2）膦、竹家具。薛、竹材料和木材一样具有质轻、高强和质朴自然的特点，而且更富有弹性和韧性，宜于编织，竹制家具又是理想的夏季消暑使用家具。膦、竹、木棉有浓厚的乡土气息，在室内别具一格，常用的竹麟有毛竹、淡竹、黄枯竹、紫竹，莉竹及广捧、土膦等。但各种天然材料均须按不同要求进行干燥、防腐、防蛀、漂白等加工处理后才能使用。

（3）金属家具。19世纪中叶，西方曾风行铸铁家具，有些国家作为公园里的一种椅子形式，至今还在使用。后来逐渐被淘汰，代之以质轻高强的钢和各种金属材料，如不锈钢管、钢板、馅合金等。金属家具常用金属管材为骨架，用环氧涂层的电焊金属丝线作座面和靠背（田7—28a），但与人体接触部位，即座面、靠背、扶手，常采用木、蘑、竹、大麻纤维、皮革和高强人造纤维编织材料，更为舒适。在材质色泽上也能产生更强的对比效果。金属管外套软而富有弹性的氯丁橡胶管（NeopreneTubmg），可更耐唐而适用于公共场。

（4）塑料家具。一般采用玻璃纤维加强塑料，模具成型，具有质轻高强、色彩多样、光洁度高和造型简捷等特点。塑料家具常用金属做骨架，成为钢塑家具。

（三）构造体系分类

（1）框式家具。以框架为家具受力体系，再覆以各种面板，连接部位的构造以不同部位的材料而定。有榫接、铆接、承插接、胶接、吸盘等多种方式，并有固定、装拆之区别。框式家具常有木框及金属框架等。

（2）板式家具。以板式材料进行拼装和承受荷载，其连接方式也常以胶合或金属连接件等方法，视不同材料而定。板材可以用原木或各种人造板。板式家具严整简捷，造型新颖美观，运用很广。

（3）注塑家具。采用硬质和发泡塑料，用模具浇筑成型的塑料家具，整体性强，是一种特殊的空间结构。目前，高分子合成材料品种繁多，性能不断改进，成本低，易于清洁和管理，在餐厅、车站、机场中广泛应用。

（4）充气家具。充气家具的基本构造为聚氨基甲酸乙酯泡沫和密封气体，内部空气空腔，可以用调节阀调整到最理想的坐位状态。

此外，在1968—1969年，国外还设计有袋状座椅（Saccularseat）。这种革新座椅的构思是在一个表面灵活的袋内，填聚苯乙烯颗粒，可成为任何形状。另外还有以玻璃纤维肋支撑的摇椅。

（四）按家具组成分类

（1）单体家具。在组合配套家具产生以前，不同类型的家具，都是作为一个独立的工艺品来生产的，它们之间很少有必然的联系，用户可以按不同的需要和爱好单独选购。这种单独生产的家具不利于工业化大批生产，而且各家具之间在形式和尺度上不易配套、统一。因此，后来为配套家具和组合家具所代替。但是个别著名家具，如里特维尔傅的虹、黄、蓝三色椅等，现在仍有人乐意使用。

（2）配套家具。卧室中的床、床头柜、衣橱等，常是因生活需要自然形成的相互密切联系的家具。因此，如果能在材料、款式、尺度、装饰等方面统一设计，就能取得十分和谐的效果。配套家具现已发展到各种领域，如旅馆客房中床、柜、桌椅、行李架……的配套，餐室中桌、椅的配套，客厅中沙发、茶几、装饰柜的配套，以及办公室家具的配套等等。配套家具不等于只能有一种规格，由于使用要求和档次的不同，要求有不同的变化，从而产生了各种配套系列，使用户有更多的选择自由。

（3）组合家具。组合家具是将家具分解为一二种基本单元，再拼接成不同形式，甚至不同的使用功能。如组合沙发，可以组成不同形状和布置形式，可以适应坐、卧等要求。又如组合柜，也可由一二种单元拼连成不同数量和形式的组合柜。组合家具有利于标准化和系列化，使生产加工简化、专业化。在此基础上，又产生了以零部件为单元的拼装式组合家具。单元生产达到了最小的程度。如拼装的条、板、基足以及连接零件。这样生产更专业化，组合更灵活，也便于运输。用户可以买回配套的零部件，按自己的需要，自由拼装。

为了使家具尺寸和房间尺寸相协调，必须建立统一模数制。

此外，还有活动式的嵌入式家具 、固定在建筑墙体内的固定式家具、一具多用的多功能家具、悬挂式家具等类型。

坐卧类家具支持整个人体重量，和人的身体接触最为密切。家具中最主要的是桌、椅、床和橱柜的设计，桌面高度小于下肢长度 50mm 时，体压较集中于坐骨骨节部位，等于下肢长度时，体压稍分散于整个臀部，这两种情况较适合于人体生理现象，因臀部能承受较大压力，同时也便于起坐。一般座椅小于380mm时难于站起来，特别对老年人更是如此。如椅面高度大于下肢长度 50mm时，体压分散至大腿部分，使大腿内侧受压，引起脚趾皮肤温度下降、下腿肿胀等血液循环障碍现象，因此，像酒吧间的高凳，一般应考虑脚垫或脚靠。所PAT_作椅椅面高度以等于或小于下肢长度为宜，按我国中等人体地区女子 T 顷腓骨头的高度为328mm，加鞋厚20mm，等于40mm，工作椅的椅面高度则以390—410mm为宜。

为使座椅能使人不致疲劳，必须具有 5 个完整的功能；

（1）骨盆的支持；

（2）水平座面；

（3）支持身体后仰时升起的靠背；

（4）支持大腿的曲面；

（5）光滑的前沿周边。

一般情况下，整个腰部的支持是在肩胛骨和骨盆之间，动态的坐姿，依靠持久的与靠背接触。

人体在采取座位时，躯干直立肌和腹部直立肌的作用最为显著，据肌电田测定凳高100—200mm时，此两种肌肉活动最弱，因此除体压分布因素外，依此观点，作为休息椅的沙发、躺椅的椅面高度应偏低，一般沙发高度以350mm为宜。其相应的靠背角度为100度，躺椅的椅面高度实际为200mm，其相应的靠背角度为110度。

椅面，常有子直硬椅面和曲线硬椅面，前者体压集中于坐骨骨节部位，而后者可稍分散于整个臀部。

座面深度小于33cm时，无法使大腿充分均匀地分担身体的重量，当座面深度大于41cm时，致使前沿碰到小腿时，会迫使坐者往前而脱离靠背，其身体由靠背往前滑动，均可造成不适或不良坐姿。

座面宽至无法容纳整个臀部时，常因肌肉接触到座面边沿而受到压迫，井使接触部位所承受的单位压力增大而导致不适。休息椅座面，以坐位基准点为水平线时，座面的向上倾角，一般工作椅上慎为3～5度，沙发6～13度，躺椅14～23度。

座面前缘应有2.5～5cm的圆倒角，才能不使大腿肌肉受到压迫。在取坐位时，成人腰部曲线中心约在座面上方 Z3~25cm处，大约和脊柱腰曲部位最突出的第三腰椎的高度一致。一般腰靠应略高于此，常取3.5～50cm（背长），以支持背部重量，腰靠本身的高度一般在150cm，宽度为33cm，过宽会妨碍手臂动作，腰靠一般为曲面形（半径约31～46cm的强度），这样可与人的腰背部圆弧吻合。休息椅整个靠背高度比座部高出53～71cm，高度在33cm以内的靠背，可让肩部自由活动。

当靠背角度从垂直线算起，超过30度时的座椅应设头靠，头掌可以单独设置，或和靠背连成一体，头靠座度撮小为25cm，头靠本身高度一般为13～15cm，并应由靠背面前倾5～10度，以减轻颈部肌肉的紧张。

座面与靠背角度应适当，不能使臀部角度小于90度，而使骨盘内倾将腰部拉直而造成肌肉紧张。靠背与座部一般在90～100度之间，休息椅一般在100度～110度之间。椅背的支持点高度及角度的关系见表7-1。

扶手的作厨是支持手臂的重量，同时也可以作为起坐的支撑点，最舒适的休息椅的扶手长度可与座不相同，甚至略长一点。扶手最小长度应为30cm。的短扶手可使椅子贴近桌子，方便前臂在桌子上有更多炉活动范围，但最短应不小于15cm，以便支手肘。

扶手宽度一般在6.5～9.0cm，扶手之间宽度为52～56cm。

扶手高约在18～25cm左右。扶手边缘应光滑，有良好的触感。

桌面高度的基准点，如前所述也应以坐位基准点为标准进行计算。

作为工作用椅，桌面高差应为250～300mm。作为休息之用时，其高差应为100～250mm。

根据工作时的坐位基准点为390～410mm，因此工作桌面高度应为390～410mm加250～300mm，即640～710mm。

不同工作的标准尺寸如下：

桌下腿部净空控为60cm为宜。

橱柜是用作储藏、陈设的主要家具，常见的有衣橱：书橱、文件柜、展示物品的展示柜。现代的组合、装饰柜，常作为日常用品的储藏展示使用。橱柜有高低；或高低相结合，有平直式，也有台座式。高橱柜的高度一般在1.8～2.2m左右高度一般在40～60cm左右。也有储物柜设计与天棚高度一致，使室内空间更为整齐、清爽，高度可达2.5m左右，顶至天棚。常利用橱门翻板作为临时用桌，或利用柜子下部空间作为翻折床用。

橱柜款式丰富，造型多样，应在符合使用要求的基础上，着力于立面上水平、垂直方向的划分、虚实处理和材质、色彩的表现，使之具有良好的比例，并符合一定的模数。

第三节　家具在室内环境中的作用

一、明确使用功能，识别空间性质

除了作为交通性的通道等空间外，绝大部分的室内空间（厅、室）在家具未布置前是难于付之使用和难于识别其功能性质的，更谈不上其功能的实际效率。因此，可以这样说，家具是空间实用性质的直接表达者，家具的组织和布置也是空间组织使用的直接体现，是对室内空间组织、使用的再创造。良好的家具设计和布置形式，能充分反映使用的目的、规格、等级、地位以及个人特性等，从而使空间赋予一定的环境品格。应该从这个高度来认识家具对蛆织空间的作用。

二、利用空间、组织空间

利用家具来分隔空间是室内设计中的一个主要内容，在许多设计中得到了广泛的利用，如在景现办公室中利用家具单元沙发等进行分隔和布置空间。在住户设计中，利用壁柜来分隔房间，在餐厅中利用桌椅来分隔用餐区和通道。在商场、营业厅利用货柜、货架、陈列柜来分划不同性质的营业区域等。因此，应该把室内空间分隔和家具结合起来考虑，在可能的条件下，通过家具分隔既可减少墙体的面积，减轻自重，提高空间使用率，并在一定的条件下，还可以通过家具布置的灵活变化达到适应不同的功能要求的目的。此外，某些吊柜的设置具有分隔空间的因素，并对空间作了充分的利用，如开放式厨房，常利用餐桌及其上部的吊柜来分隔空间。室内交通组织的优劣，全赖于家具布置的得失，布置家具圈内的工作区，或休息谈话区，不宜有交通穿越，因此，家具布置应处理好与出入口的关系。

三、建立情调、创造氛围

由于家具在室内空间所占的比重较大，体量十分突出，因此家具就成为室内空间表现的重要角色。历来人们对家具除了注意其使用功能外，还利用各种艺术手段，通过家具的形象来表达某种思想和涵义。这在古代宫廷家具设计中可见一斑，那些家具已成为封建帝王权力的象征。

家具和建筑一样受到各种文艺思潮和流振的影响，自古至今，千姿百态，无奇不有，家具既是实用晶，也是一种工艺美术品，这已为大家所共识。家具作为一门美学和家具艺术在我国目前还处于 起步，还有待进一步发展和提高。家具应该是实用与艺术的结晶，那种不惜牺牲其使用功能，哗众取宠是不足取的。

从历史上看，对家具纹样的选择、构件的曲直变化、线条的喇柔运用、尺度大小的改变、造型的壮实或柔细、装饰的繁复或简练，除了其他因素外，主要是利用家具的语言，表达一种思想、一种风格、一种情调，造成一种氛围，以适应某种要求和目的，而现代社会流行的怀旧情调的仿古家具、回归自然的乡土家具、崇尚技术形式的抽象家具等，也反映了各种不同思想情绪和某种审美要求。

现代家具应在应用人体工程学的基础上，做到结构合理、构造简捷，充分利用和发挥材料本身性韶和特色。根据不同场合，不同用途、不同性质的使用要求和建筑有机结合。发扬我国传统家具特色，创造具有时代感、民族感的现代家具，是我们努力的方向。

第四节　家具的选用和布置原则

一、家具布置与空间的关系

（一）合理的位置

室内空间的位置环境各不相同，在位置上有掌近出入口的地带、室内中心地带、沿墙地带或靠宙地带，以及室内后部地带等区别，各个位置的环境如采光效率、交通影响、室外景观各不相同。应结合使用要求，使不同家具的位置在室内各得其所。例如宾馆客房，床位一般布置在暗处，休息座位靠宙布置……在餐厅中常选择室外景观好的靠窗位置，客房套间把谈话、休息处布置在入口的部位，卧室在室内的后部等等。

（二）方便使用、节约劳动

同一室内的家具在使用上都是相互联系的，如餐厅中餐桌、餐具和食品柜，书桌和书架，厨房中洗、切等设备与橱柜、冰箱、蒸煮等的关系，它们的相互关系是根据人在使用过程中达到方便、舒适、省时、省力……的活动规律来确定。

（三）丰富空间、改善空间

空间是否完善，只有当家具布置以后才能真实地体现出来，如果在未布置家具前，原来的空间有过大、过小、过长、过狭等都可船成为某种缺陷的感觉。但经过家具布置后，可能会改变原来的面貌而恰到好处。因此，家具不但丰富了空间内涵，而且常是藉以改善空间、弥补空间不足的一个重要因素，应根据家具的不同体量大小、高低，结合空间给予合理的、相适应的位置，对空间进行再创造，使空间在视觉上达到良好的效果。

（四）充分利用空间、重视经济效益

建筑设计中的一个重要的问题就是经济问题，这在市场经济中更显得重要，因为地价、建筑造价是持续上升的，投资是巨大的，作为商品建筑，就要重视它的使用价值，一个电影院能容纳多少观众，一个餐厅能安排多少餐桌，一个商店能布置多少营业柜台，这对经营者来说不是一个小问题。合理压缩非生产性面积，充分利用使用面积，减少或消灭不必要的浪费面积，对家具布置提出了相当严峻甚至苛刻的要求，应该把它看作是杜绝浪费、提倡节约的一件好事。当然也不能走向极端，成为唯经济论的错误方向。在重视社会效益、环境效益的基础上，精打细算，充分发挥单位面积的使用价值，无疑是十分重要的。特别对大量性建筑来说，如居住建筑，充分利用空间应该作为评判设计质量优劣的一个重要指标。

二、家具形式与数量的确定

现代家具的比例尺度应和室内净高、门窗、窗台线、墙裙取得密切配合，使家具和室内装修形成统一的有机整体。

家具的形式往往涉及室内风格的表现，而室内风格的表现，除界面装饰装修外，家具起着重要作用。室内的风格往往取决于室内功能需要和个人的爱好和情趣。历史上比较成熟有名的家具，往往代表着那一时代的一种风格而流传至今。同时由于旅游业的发展，各国交往频繁，为满足不同需要，反映各国乃至各民族的特点，以表现不同民族和地方的特色，而采取相应的风格表现。因此，除现代风格以外，常采用各国各民族的环境风格和不同历史时期的古典或古代风格。

家具的数量决定于不同性质的空间的使用要求和空间的面积大小。除了影剧院、体育馆等群众集合场所家具相对密集外，一般家具面积不宜占室内总面积过大，要考虑容纳人数和活动要求以及舒适的空间感，特别是活动量大的房间，如客厅、起居室、餐厅等，更宜留出较多的空间。小面积的空间，应满足最基本的使用要求，或采取多功能家具、悬挂式家具以留出足够的活动空间。

三、家具布置的基本方法

应结合空间的性质和特点，确立合理的家具类型和数量，根据家具的单一性或多样性，明确家具布置范围，达到功能分区合理。组织好空间活动和交通路线，使动、静分区分明，分清主体家具和从属家具，使相互配合，主次分明。安排组织好空间的形式、形状和家具的组、团、排的方式，达到整体和谐的效果，在此基础上进一步，应该从布置格局、风格等方面考虑。从空间形象和空间景观出发，使家具布置具有规律性、秩序性、韵律性和表现性，获得良好的视觉效果和心理效应。因为一旦家具设计好和布置好后，人们就要去适应这个现实存在。

不论在家庭或公共场所，除了个人独处的情况外，大部分家具使用都处于人际交往和人际关系的活动之中，如家庭会客、办公交往、宴会欢聚、会议讨论、车船等候、逛商场或公共休息场所等。家具设计和布置，如座位布置的方位、间隔、距离、环境、光照，实际上往往是在规范着人与人之间各式各样的相互关系、等次关系、亲疏关系（如面对面、背靠背、面对背、面对侧），影响到安全感、私密感、领域感。形式问题影响心理问题，每个人既是观者又是被观者，人们都处于通常说的"人看人"的局面之中。

因此，当人们选择位置时必然对自己所处的地位现置做出考虑和选择，英国间昔勒登的"瞭望——庇护"理论认为，自古以来，人在自然中总是以猎人——猎物的双重身份出现。人们睡墙边，又要防范别人的袭击。人类发展到现在，虽然不再是原始的猎人猎物了，但是，保持安全的自我防范本能、警惕性还是延续下来，在不安全的社会中更是如此，即使到了十分理想的文明社会，安全有了保障时，还有保护个人的私密性意识存在。因此，我们在设计布置家具的时候，特别在公共场所，应适合不同人们的心理需要，充分认识不同的家具设计和布置形式代表了不同的含义，比如，一般有对向式、背向式、离散式、内聚式、主从式等布置，它们所产生的心理作用是各不相同的。

从家具在空间中的位置可分为：

（1）周边式。家具沿四周墙布置，留出中间空间位置，空间相对集中，易于组织交通，为举行其他活动提供较大的面积，便于布置中心陈设。

（2）岛式。将家具布置在室内中心部位，留出周边空间，强调家具的中心地位，显示其重要性和独立性，周边的交通活动，保证了中心区不受干扰和影响。

（3）单边式。持家具集中在一侧，留出另一侧空间（常成为走道）。工作区和交通区截然分开，功能分区明确，干扰小，交通成为线形，当交通线布置在房间的矩边时，交通面积最为节约。

（4）走道式。将家具布置在室内二侧，中间留出走道。节约交通面积，交通对两边都有干扰，一般客房活动人数少，都这样布置。

从家具布置与墙面的关系可分为：

（1）靠墙布置。充分利用墙面，使室内留出更多的空间。

（2）垂直于墙面布置。考虑采光方向与工作面的关系，起到分隔空间的作用。

（3）临空布置。用于较大的空间，形成空间中的空间。

从家具布置格局可分为；

（1）对称式。显得庄重、严肃、稳定而静穆，适合于隆重、正规的场合。

（2）非对称式。显得活泼、自由、流动而活跃，适合于轻松、非正规的场合。

（3）集中式。常适合于功能比较单一、家具品类不多、房间面积较小的场合，组成单一的家具组。

（4）分散式。常适合于功能多样、家具品类较多、房间面积较大的场合，组成若干家具组、团。不论采取何种形式，均应有主有次，层次分明，聚散相宜。

第五节　室内陈设的意义、作用和分类

室内陈设或称摆设，是维家具之后的又一室内重要内容，陈设晶的范围非常广泛，内容极其丰富，形式也多种多样，随着时代的发展而不断变化，但是作为陈设的基本目的和深刻意义，始终是以其表达一定的思想内涵和精神文化方面为着眼点，并起着其他物质功能所无法代替的作用，它对室内空间形象的塑遭、气氛的表达、环境的渲染起着锦上添花、画龙点睛的作用，也是具有完整的室内空间所必不可少的内容；同时也应指出，陈设品的展示也不是孤立的，必须和室内其他物件相互协调和配合，亲如一家。此外，陈设品在室内的比例毕竟是不大的，因此为了发挥陈设晶所应有的作用，陈设品必须具有视觉上的吸引力和心理上的感染力。也就是说，陈设品应该是一种既有观赏价值又能品味的艺术品。我国传统檀联是室内陈设品的典型的杰出代表。

我国历来十分重视室内空间所表现的精神力量，如宫殿的威严、寺庙的肃穆、居室的温馨、画堂庭榭的洒酉等。究其潭，无不和室内陈设有关。至于节日庆典的张灯结彩，婚丧仪式的截然不同布置，更是源远流长，家喻户晓，世代相传，深入人心。

室内陈设浸透着社会文化、地方特色、民族气质、个人素养的精神内涵，都会在日常生活中表现出来。

现代文化渗透在生活中的每一角落，现代商晶无不重视其外部包装，以促其销。商品竞争规律也充分表现在各艺术领域，从

而使艺术表现形式日新月异，流振纷呈。但其中难免良莠不齐，雅俗共生。在掀起"包装"潮流的时代，室内设计师有诱导社会潮流之职责，鉴别真伪之能力，在工作中不可不慎。

室内陈设一般分为纯艺术品和实用艺术品。纯艺术品只有观赏品味价值面无实用价值（这里所指的实用价值是指物质性的），而实用工艺品，则既有实用价值又有观赏价值。两者各有所长，各有特点，不能代替，不宜类比。要将日用品转化成具有观赏价值的艺术品，当然必须进行艺术加工和处理，此非易事，因为不是任何一件日用品都可列入艺术品；而作为纯艺术品的创作也不简单，因为不是每幅画、每件雕塑都可获得成功的。

常用的室内陈设：

（1）字画。

我国传统的字画陈设表现形式，有植联、条幅、中堂、匾额以及具有分隔作用的屏风、纳凉用的崩面、祭祀用的祖宗画像等（可代替祠堂中的牌位）。所用的材料也丰富多彩，如有纸、锦帛、木刻、竹刻、石刻、贝雕、刺绣。字画篆刻还有阴阳之分，濠色之别，十分讲究。书法中又有篆隶正草之别。画有泼墨工笔、黑白丹青之分，以及不同门派风格，可谓应有尽有。武侯祠过厅植物景观。我国传统字面至今在各类厅堂、居室中广泛应用，并作为表达民族形式的重要手段。西洋画的传入以及其他绘画形式，丰富了绘画的品类和室内风格的表现。字画是一种高雅艺术，也是广为普及和为群众喜爱的陈设品，可谓装饰墙面的最佳选择。

字画的选择全在内容、品类、风格以及幅画大小等因素，例如现代派的抽象画和室内装饰的抽象风格十分协调。

（2）摄影作品。

摄影作品是一种纯艺术品。摄影和绘画不同之处在于摄影只能是写实的和逼真的。少数摄影作品经过特技拍摄和艺术加工，也有绘画效果，因此摄影作品的一般陈设和绘画基本相同，而巨幅摄影作品常作为室内扩大空间感的界面装饰，意义已有不同。摄影作品制成灯箱广告，这是不同于其他绘画的特点。

由于摄影能真实地反映当地当时所发生的情景，因此某些重要的历史性事件和人物写照，常成值得纪念的珍贵文物，因此，它既居摄影艺术品又是纪念品。

（3）雕塑。

瓷塑、钢塑、泥塑、竹雕、石雕、晶雕、木雕、玉雕、根雕等是我国传统工艺品之一，题材广泛，内容丰富，巨细不等，流传于民间和宫廷，是常见的室内摆设。有些已是历史珍品，现代肆塑的形式更多，有石膏、合金等。

雕塑有玩赏性和偶象性（如人、神塑像）之分，它反映了个人情趣、爱好、审美观念等。它属三度空间，栩栩如生。其感染力常胜于绘画的力量。雕塑的表现还取决于光照、背景的衬托以及视觉方向。

（4）盆景。

盆景在我国有着悠久的历史，是植物观赏的集中代表，被称为有生命的绿色雕塑。盆景的种类和题材十分广阔，它像电影一样，既可表现特写镜头，如一棵树桩盆景，老根新芽，充分表现植物的刚健有力，苍老古朴，充满生机，又可表现壮阔的自然山河，如一盆浓缩的山水盆景，可表现崇山峻岭、湖光山色、亭台楼阁、小桥记水，千里江山，尽收眼底，可以得到神思卧游之乐。

（5）工艺美术品、玩具。

工艺美术品的种类和用材更为广泛，有竹、木、草、藤、石、泥、玻璃、塑料、陶瓷、金属、织物等。有些本来就是属于纯装饰性的物品，如挂毯之类。有些是将一般日用品进行艺术加工或变形而成，旨在发挥其装饰作用和提高欣赏价值，而不在实用。这类物品常有地方特色以及传统手艺，如不能用以买菜的小篮，不能坐的飞机，常称为玩具。

（6）个人收藏品和纪念品。

个人的爱好既有共性，也有特殊性，家庭陈设的选择，往往以个人的爱好为转移，不少人有收藏各种橱品的癖好，如邮票、钱币、字画、金石、钟表、古玩、书籍、乐器、兵器以及各式各样的纪念品，传世之宝，这里既有艺术品也有实用品。其收集领域之广阔，几乎无法予以规范。但正是这些反映不同爱好和个性的陈设，使不同家庭各具特色，极大地丰富了社会交往内容和生活情趣。

此外，不同民族、国家、地区之间，在文化经济等方面反差是很大的，彼此都以奇异的眼光对待异国他乡的物品。我们常可以看到，西方现代厅室中，挂有东方的画帧、古装，甚至蓑衣、草鞋、草帽等也登上大雅之堂。这些异常的陈设和室内其他物件的风格等没有什么联系，可称为猎奇陈设。

（7）日用装饰品。

日用装饰品是指日常用品中，具有一定观赏价值的物品，它和工艺品的区别是，日用装饰品主要还是在于其可用性。这些日用品的共同特点是造型美观、做工精细、品味高雅，在一定程度上，具有独立欣赏的价值。因此，不但不必收藏起来，而且还要放在醒目的地方去展示它们。如餐具、烟酒茶用具，植物容器、电视音响设备、日用化妆品、古代兵器、灯具等。

（8）织物陈设。

织物陈设，除少数作为纯艺术品外，如壁挂、挂毯等，大量作为日用品装饰，如窗帘、台布、桌布、床罩、靠垫、家具等蒙面材料。它的材质形色多样，具有吸声效果，使用灵活，便于更换，使用极为普遍。由于它在室内所占的面积比例很大，对室内效果影响极大，因此是一个不可忽视的重要陈设。

纺织晶应根据三个方面来选择：

①纤维性质。如自然的棉、麻、羊毛、丝。丝是所有自然织物中最雅致的，但经受不住直射阳光，价格也贵，羊毛织品特别适合于作家具的蒙面材料，并可编织成粗面或光面。丝和羊毛均有良好的触感，棉麻制品耐用而柔顺，常用作窗帘材料。

人造织物有尼龙、涤纶、人造丝等晶种，一般说来比较耐用，也常用作窗帘和床罩，但手感一般不很舒适。

②编织方式。有不同的结构组织，表现出不同的粗、细、厚、薄和纹理，对视觉效果和质癌起到重要作用。

③图案形式。主要包括花纹样式和色彩（如具象和抽象）及其比例尺度，冷暖色彩效果等。它和室内空间形式和尺度有着密切的联系。

第六节　室内陈设的选择和布置原则

作为艺术欣赏对象的陈设品，随着社会文化水平的日益提高，它在室内所占的比重将逐渐扩大，它在室内所拥有的地位也特意来愈显得重要，并最终成为现代社会精神文明的重要标志之一。

现代技术的发展和人们审美水平的提高，为室内陈设创造了十分有利的条件。如果说，室内必不可少的物件为家具、日用品、绿化和其他陈设品等，那么其中灯具和绿化已被列为陈设范围，留下的只有日用品了，它所包括的内容最为庞杂，并根据不同房间使用性质而异，如书房中的书籍，客厅中的电视音响设备，餐厅中的餐饮具等等。但实际上现代家具已承担了收纳各类什物的作用，而且现代家具本身已经历千百年的锤炼，其艺术水平和装饰作用已远远超过一般日用品。因此，只要对室内日用品进行严格管理，遵循俗则藏之，美则露之的原则，则不难看出现代室内已是艺术的殿堂，陈设之天地了。实标经验也告诉我们，只有摒弃一切非观赏性物件，室内陈设品才能引人注目。只有在简捷明净的室内空间环境中，陈设品的魅力才能充分地层示出来。

由此可见，按照上述原则，室内陈设品的选择和布置，主要是处理好陈设和家具之间的关系，陈设和陈设之间的关系，以及家具、陈设和空间界面之间的关系。由于家具在室内常占有重要位置和相当大的体量，因此，一般说来，陈设围绕家具布置已成为一条普遍规律。

室内陈设的选择和布置应考虑以下几点：

（1）室内的陈设应与室内使用功能相一致。

一幅画、一件雕塑、一副对联，它们的线条、色彩，不仅为了表现本身的题材，也应和空间场所相协谓，只有这样才能反映不同的空间特色，形成独特的环境气氛，赋予深刻的文化内涵，而不演于华而不实，千篇一律的境地。如清华大学图书馆运用与建筑外形相同的手法处理的名人格言墙面装饰，增强了图书阅览空间的文化学术氛围，并显示了室内外的统一。重庆某学校教学楼门厅的木刻壁画——青春的旋律，反映了青年奋发向上朝气蓬勃的精神面貌。

（2）室内陈设品的大小、形式应与室内空间家具尺度取得良好的比例关系。

室内陈设品过大，常使空间显得小而拥挤，过小又可能产生室内空间过于空旷，局部的陈设也是如此，例如沙发上的靠垫做得过大，使沙发显得很小，而过小则又如玩具一样很不相称。陈设品的形状、形式、线条更应与家具和室内装修取得密切的配合，运用多样统一的美学原则达到和谐的效果。

（3）陈设品的色彩、材质也应与家具、装修统一考虑，形成一个协调的整体。

在色彩上可以采取对比的方式以突出重点，或采取调和的方式，使家具和陈设之间、陈设和陈设之间，取得相互呼应、彼此联系的协调效果。

色彩又能起到改变室内气氛、情调的作用。例如，以无彩系处理的室内色调，偏于冷淡，常利用一簇鲜艳的花卉，或一对暖色的灯具，使整个室内气氛活跃起来。

（4）陈设品的布置应与家具布置方式紧密配合，形成统一的风格。

良好的视觉效果，稳定的平衡关系，空间的对称或非对称，静态或动态，对称平衡或不对称平衡，风格和气氛的严肃、活泼、活跃、雅静等，除了其他因素外，布置方式起到关键性的作用。

（5）室内陈设的布置部位

①墙面陈设。墙面陈设一般以平面艺术为主，如书、画、摄影、浅浮雕等，或小型的立体饰物，如壁灯、弓、剑等，也常见将立体陈设品放在壁龛中，如花卉、雕塑等，并配以灯光照明，也可在墙面设置悬挑轻型搁架以存放陈设品。墙面上布置的陈设常和家具发生上下对应关系，可以是正规的，也可以是较为自由活泼的形式，可采取垂直或水平伸展的构图，组成完整的视觉效果。墙面和陈设品之间的大小和比例关系是十分重要的，留出相当的空白墙面，使视觉获得休息的机会。如果是占有整个墙面的壁画，则可视为起到背景装修艺术的作用了。

此外，某些特殊的陈设品，可利用玻璃窗面进行布置，如剪纸窗花以及小型绿化，以使植物能争取自然阳光的照射，也别具一歌。

②桌面摆设。桌面摆设包括有不同类型和情况，如办公桌、餐桌、茶几、会议桌以及略低于桌高的靠墙或沿宙布置的储藏柜和组合柜等。桌面摆设一般均选择小巧精致、宜于微观欣赏的材质制品，并可按时即兴灵活更换。桌面上的日用品常与家具配套购置，选用和桌面协调的形状、色彩和质地，常起到画龙点睛的

作用。如会议室中的沙发、茶几、茶具、花盆等，须统一选购。

③落地陈设。大型的装饰品，如雕塑、瓷瓶、绿化等，常落地布置，布置在大厅中央的常成为视觉的中心，最为引人注目，也可放置在厅室的角隅、墙边或出入口旁、走道尽端等位置，作为重点装饰，或起到视觉上的引导作用和对景作用。

大型落地陈设不应妨碍工作和交通擞线的通畅。

④陈设橱柜。数量大、品种多、形色多样的小陈设品，最宜采用分格分层的搁板、博古架，或特制的装饰柜架进行陈列展示，这样可以达到多而不繁、杂而不乱的效果。布置整齐的书橱书架，可以组成色彩丰富的抽象图案效果，起到很好的装饰作用。壁式博古架，应根据展品的特点，在色彩、质地上起到良好的衬托作用。

⑤壁挂陈设。空间高大的厅主，常采用悬挂各种装饰品，如织物、绿化、抽象金属雕塑、吊灯等，弥补空间空旷的不足，并有一定的吸声或扩散的效果，居室也常利用角落悬挂灯具、绿化或其他装饰品，既不占面积又装饰了枯燥的墙边角落。